MATHEMATICAL & LOGICAL PUZZLES

SAM LOYD

数学思维训练营

萨姆·劳埃德的
趣味数学题

[美] 马丁·加德纳 著

谈祥柏 陈为蓬 译

上海科技教育出版社

图书在版编目(CIP)数据

萨姆·劳埃德的趣味数学题/(美)马丁·加德纳著;谈祥柏,陈为蓬译. —上海:上海科技教育出版社,2019.8
(2024.2重印)
(数学思维训练营)
书名原文:Mathematical Puzzles of Sam Loyd
ISBN 978-7-5428-7040-7

Ⅰ.①萨…　Ⅱ.①马…②谈…③陈…　Ⅲ.①数学—普及读物　Ⅳ.①O1-49

中国版本图书馆CIP数据核字(2019)第145934号

序　言

问题　答案

1. 爱丽丝漫游奇境记　　　1 → 228
2. 拔河趣题　　　　　　　2 → 228
3. 山姆大叔的表链　　　　3 → 229
4. 混乱的帽子　　　　　　4 → 229
5. 精通数学的警察　　　　5 → 230
6. 钻石和红宝石的问题　　6 → 230
7. 廉价市场　　　　　　　8 → 231
8. 三个新娘　　　　　　　9 → 231
9. 大台球趣题　　　　　　10 → 231
10. 运砖工的问题　　　　　11 → 232
11. 棋手团长　　　　　　　12 → 232
12. 中国的文字转换趣题　　13 → 233
13. 使人为难的掺和　　　　14 → 233
14. 家务难题　　　　　　　16 → 234
15. 卖鸡　　　　　　　　　17 → 234
16. 在巴泽兹湾猎鸭　　　　18 → 234
17. 三块餐巾　　　　　　　20 → 235
18. 一美元的邮票　　　　　21 → 235
19. 射击比赛　　　　　　　22 → 235

	问题	答案
20. 生病的外甥	24	235
21. 小木匠的趣题	25	235
22. 混合茶	26	236
23. 自行车旅行	28	236
24. 睡莲问题	29	236
25. 荷兰人的妻子	30	237
26. 玉米地里的鸡	32	237
27. 奇妙的房屋贷款方案	34	238
28. 速记员的薪金	35	239
29. 称婴儿	36	240
30. 磨石趣题	37	240
31. 牛、羊和鹅	38	241
32. 海蛇群	39	242
33. 从船头到船尾	40	242
34. 趣题国的赛跑	42	243
35. 帆船竞赛	43	243
36. 奶酪问题	44	244
37. 从比克斯利到奎克斯利	46	245
38. 两只火鸡	47	245
39. 黑斯廷斯之战——方阵趣题	48	245
40. 罗斯林勋爵赌博法	50	246

	问题	答案
41. 饭后的戏法	51	247
42. 红十字姑娘	52	247
43. 湖的趣题	53	247
44. 海滩上最公正的游戏	54	249
45. 火星上的运河	55	249
46. 无偿的土地——占地问题	56	249
47. 丹麦国旗趣题	58	249
48. 说出母亲的年龄	59	250
49. 聪明的亚历克	60	250
50. 戴德伍德速递公司	62	251
51. 赚了多少	63	251
52. 瓶子问题	64	252
53. 巴格达的商人	66	252
54. 中国铜钱问题	67	255
55. 苏黎世的怪钟	68	255
56. 戈尔迪乌姆结	70	256
57. 神谕趣题	74	256
58. 高尔夫球趣题	75	256
59. 小屠夫	76	257
60. 狂欢节上的骰子赌局	78	257

问题	答案
61. 圭多的镶嵌画	80 → 258
62. 伟大的哥伦布问题	82 → 258
63. 玛莎的葡萄园	84 → 259
64. 暹罗的斗鱼	86 → 259
65. 四棵橡树之争	88 → 261
66. 古怪的教师	89 → 261
67. 带锄头的人	90 → 262
68. 滚环蛇趣题	91 → 262
69. 虚假的质量	92 → 263
70. 猫狗赛跑	94 → 264
71. 趣题国的14—15滑块游戏	96 → 265
72. 马铃薯赛跑趣题	98 → 266
73. 马尼拉的买卖	100 → 267
74. 月亮问题	102 → 267
75. 四对私奔者	104 → 268
76. 挑战国王	106 → 269
77. 早期的铁路	108 → 269
78. 年度野餐	109 → 271
79. 红桃趣题	110 → 271
80. 足球问题	111 → 271

| 问题 | 答案 |

81. 圣巴特里克节游行	112 →	272
82. 水管工的问题	114 →	272
83. 小马趣题	116 →	273
84. 旧灯塔	118 →	274
85. 柏拉图的立方体	120 →	274
86. 在"动物园"听到的	122 →	275
87. 从克朗代克回来	124 →	275
88. 趣题国的酒贩	126 →	276
89. 不和睦的邻居们	127 →	277
90. 消失的数字	128 →	277
91. 母鸡下蛋问题	129 →	277
92. 从因弗内斯到格拉斯哥	130 →	278
93. 奥肖内西的家产	131 →	278
94. 越野赛跑问题	132 →	279
95. 双人自行车	134 →	279
96. 电线杆	135 →	280
97. 锯开棋盘	136 →	281
98. 隐匿的诗句	138 →	282
99. "猫头鹰"号特快列车	139 →	282
100. 老板有多大年纪	140 →	283

| 问题 | 答案 |

101. 配电盘问题	141 → 283
102. 零头布问题	142 → 284
103. 分苹果	143 → 284
104. 递减的动力	144 → 284
105. 妈妈的黑莓酱问题	145 → 284
106. 海滩广场上的杂技表演	146 → 285
107. 普通股	147 → 286
108. 这套衣服卖了多少钱	148 → 286
109. 零料利用问题	149 → 286
110. 通向数学的捷径	150 → 287
111. 奇数圈套	151 → 287
112. 红酒与谋杀	152 → 288
113.《英国史》问题	154 → 288
114. 正方形遮窗板问题	155 → 288
115. 火柴问题	156 → 289
116. 两只手表	157 → 289
117. 猪圈问题	158 → 289
118. 圣诞火鸡	160 → 289
119. 渡轮问题	161 → 290
120. 暹罗国王想露一手	162 → 291

	问题	答案
121. 一个时间问题	163	291
122. 搬家的日子	164	291
123. 瑞士姑娘做国旗	165	292
124. 登月问题	166	293
125. 逆风而行	168	294
126. "躲猫猫"小姐的畜栏	169	294
127. 伦敦塔问题	170	294
128. 钻石窃贼	172	295
129. 十字架与新月	173	295
130. 旋转木马问题	174	296
131. 电工问题	175	296
132. 旧题新解	176	297
133. 一块砖的质量	177	298
134. 瓜分战利品问题	178	298
135. 守财奴的问题	179	298
136. 小贩皮特	180	299
137. 比蒂的年龄	181	299
138. 分牲口	182	299
139. 结账问题	184	299
140. 古罗马的铁十字勋章	186	300

	问题	答案
141. 卖牛奶问题	187	301
142. 趣题国的姜饼问题	188	301
143. 收割者的问题	189	302
144. 玛丽的年龄	190	303
145. 疲乏的威利	191	303
146. 在马戏团的"动物园"里	192	304
147. 老爷爷的古钟问题	193	304
148. 波卡亨特小姐的年龄	194	304
149. 鸡蛋的价钱	195	304
150. 趣题国里懂数学的牛奶商	196	304
151. 谁将获得提名	197	305
152. 鹅与蛋	198	306
153. 拆开链条	199	306
154. 林肯的横杆趣题	200	306
155. 新星	201	307
156. 玉米地里的乌鸦	202	307
157. 中国的趣题	203	308
158. 在古希腊时代	204	308
159. 轿子趣题	205	308
160. 失踪的便士	206	309

| 问题 | 答案 |

- 161. 金砖趣题　　　　　　208 → 310
- 162. 女修道院问题　　　　210 → 310
- 163. 拼布床单趣题　　　　212 → 311
- 164. 祖父的问题　　　　　213 → 311
- 165. 木匠的问题　　　　　214 → 312
- 166. 乘法和加法　　　　　215 → 312
- 167. 狗头姜饼　　　　　　216 → 313
- 168. 令人困惑的天平　　　217 → 313
- 169. 兵法　　　　　　　　218 → 314
- 170. 计算选票　　　　　　220 → 315
- 171. 隐藏的星　　　　　　221 → 315
- 172. 柯尼斯堡桥的问题　　222 → 315
- 173. 赫克莱彗星的轨道　　224 → 316
- 174. 投入战斗　　　　　　225 → 316
- 175. 赛马会上的有奖趣题　226 → 317

序言
Introduction

塞缪尔·劳埃德(Samuel Loyd)，美国最杰出的趣题和智力玩具专家，1841年1月30日出生于费城。3年后，他的父亲——一位富有的房地产经营者——到纽约定居。小萨姆[1]进了纽约的公立学校念书，一直到他17岁。他又瘦又高，说话平静，很有个性；他的特长与众不同，诸如变魔术、模仿表演、口技、下棋，以及用黑纸片快速剪影等，他无不精通。随着他对下棋的兴趣与日俱增，他原先想在土木工程专业上发展的计划便化成了泡影。

伯特兰·罗素[2]有一次说到，他在18岁的时候对国际象棋非常入迷，后来他强迫自己戒了棋，因为他认为不这样就会什么事情都干不成。假如劳埃德也下过类似的决心，那么他也许会成为一名杰出的工程师；但是这个世界在另一方面就会逊色很多，因为趣味数学(可以说，它包括国际象棋，也包括数学趣题)是智力游戏的一种形式，谁能说游戏对美好生活的必要性比导弹和原子弹要小？

萨姆10岁时就学习下正规的国际象棋。他14岁时，在1855年4月14日的《纽约星期六信使报》(*New York Saturday Courier*)上发表了他的第一个国际象棋排局。没有几年，他就被公认为是全美国最重要的国际象棋趣题作者。在那个时代，人们普遍对国际象棋有着浓厚的兴趣，许多报纸开辟定期的国际象棋专栏，刊登读者寄来的排局。劳埃德是其中大部分专栏的撰稿人。他那些别出心裁的机智想法使他频频得奖。1857年

---

[1] 萨姆(Sam)，塞缪尔(Samuel)的昵称。——译者注
[2] 伯特兰·罗素(Bertrand Russell，1872—1970)，英国思想家，在数学和逻辑等领域做出了重要的成果。——译者注

他16岁的时候，成了当时由保罗·莫菲①和D. W. 菲斯克(D. W. Fiske)主编的《国际象棋月刊》(Chess Monthly)的棋局专栏编辑。(菲斯克常常用一些不寻常的故事和轶闻把劳埃德的排局包装起来，后来劳埃德在表述他的数学趣题时非常有效地使用了这个方法。)在其后的年代里，劳埃德为其他报纸和杂志主持了各种国际象棋专栏，包括一度在《科学美国人副刊》(Scientific American Supplement)上开辟的每周国际象棋专版。他通常是他自己专栏最好的撰稿人，但不时用W. King、A. Knight、W. K. Bishop②之类的笔名隐瞒自己的身份。

虽然劳埃德主张最好的排局应当是一种在实际对局中有可能出现的棋型，但他的精湛技巧却常常在那些天方夜谭式的排局中得到充分表现。几乎一切可想象到的花招都用上了：关键在吃过路兵③的解答；要求在"半步"以内将死对方，即要求用王车易位④完成杀局；在将死对方之前你悔了一步棋的问题，或者迫使对方将死你自己的问题，或者在对方的帮助下将死对方的问题。他喜欢题目中的棋子能在棋盘上排成奇异的几何图形，这些图形包括数字、字母，甚至动物或其他物体的形象。棋友们常常会收到劳埃德送的带有国际象棋排局的生日卡，其中

---

① 保罗·莫菲(Paul Morphy, 1837—1884)，美国著名棋手，历史上第二个非正式的国际象棋世界冠军。——译者注
② King、Knight、Bishop的意思分别是国际象棋中的王、马、象。——译者注
③ 国际象棋中的一种特殊着法。一方的兵可吃掉从原始位置一步走两格来到其横向相邻格子上的对方兵，但吃掉后占据的是对方兵越过的那个格子。——译者注
④ 国际象棋中的一种特殊着法。在特定条件下，一方的王和一个车可以按特定方式各走一步而总共只算是走了一步。——译者注

的棋子排成了他们的姓名首字母或者姓名首字母组合图案!

在他的一个专栏中,劳埃德有一次宣布,他发现了一种方式,能用一个马和两个车在棋盘的中央将死孤立的王!读者们先是大哗,而当劳埃德最后揭晓他那不可思议的答案时,他们又被逗得大笑不已[①]。

遗憾的是,劳埃德没有在国际象棋锦标赛中取得过骄人的战绩,尽管他曾以漂亮的连环妙着偶尔胜过一局。在1867年巴黎的一次锦标赛中,他走到第八步时宣称将死了对方。在他仔细解释以后,他的对手认输了。后来发现,他的对手不仅有"解招",事实上还有着极好的取胜机会!但裁判还是让劳埃德保留着这个得胜记录,因为他的对手已经接受了这个似是而非的杀局。

1870年以后,劳埃德对国际象棋的兴趣开始减少,他把注意力转到数学趣题和作为广告赠品的小玩意儿上,为此他表现出了从未有过的热情和创造力。他年轻时设计过一种用纸板割成的智力玩具,叫"会表演绝技的驴子",得到了相当可观的收益。P. T. 巴纳姆[②]发行了几百万套,年轻的劳埃德说在几周

[①] 在国际象棋中,双车单马杀单王只能在棋盘的边角上而不能在棋盘中央实现。劳埃德的解答图中虽然实现了这一点,但这个局面在实际对局中是绝对不可能出现的。——译者注

[②] 巴纳姆(P. T. Barnum,1810—1891),19世纪美国最善于创新和最受人欢迎的游艺节目经理人。——译者注

内就挣了几千美元。这时,他对这种既能引起广泛兴趣又有商业利润的智力玩具开始倾注越来越多的精力。他的14—15滑块游戏在美国国内外都引起了普遍的狂热。他的"另一种颜色的马"也卖出了几百万套。还有一种简单的手工操作的智力玩具,是在玻璃面板下放着一些钢球,名为"舒适的小猪",销售也十分旺。他的许多纸板智力玩具都是他自己在他那所位于新泽西州伊丽莎白的印刷所印制的。

如今最流行的各种小玩意儿中有一样是劳埃德的又一项发明——一支铅笔,一端上系着一个小线环。你把它以某种方式系在一个人的大衣翻领的扣眼上,这人会发现要把它取下来是极端困难的。巴棋戏①是劳埃德从印度人的一个需用棋盘进行的同名传统游戏改编的,目前在美国仍然流行。关于这个游戏起源的故事很有趣。一家商行有一天告诉劳埃德说,他们买进了大量的彩色正方形纸板,想用来制成某种类型的游戏器具,可让小贩在街上低价叫卖。劳埃德没费什么劲就把这个游戏设计出来了,为此他拒绝收取报酬。但商行坚持要付给他10美元,因为他到底花了一些时间。那就是他所收到的全部,尽管这个游戏后来为它的制造商们带来了巨大的利润。

1896年,劳埃德为他发明的最令人注目的手工操作游戏——他那著名的"离开地球"智力游戏申请了专利。在一个可旋转的纸板圈的边沿上有13名中国武士。轻轻地扭动纸圈,一名武士就消失了。哪一名武士消失了?他去哪儿了?1896年,几百万套的这种游戏作为广告赠品分发出去了。第二年,

---

① 类似古代印度25点棋的一种现代棋。——译者注

又是100万套（这次称为"失踪的日本人"）被大都会人寿保险公司（Metropolitan Life Insurance Company）散发出去了，该公司还为一年之内收到的最好解答设了20个奖项，奖项从5美元到100美元不等。这个游戏的一个后来有所改进的版本，叫"泰迪与狮子们"，是劳埃德在1906年发表的。

19世纪90年代，劳埃德一直为《布鲁克林每日鹰报》（Brooklyn Daily Eagle）的一个关于趣题的通俗专栏撰稿，而从世纪之交直到他1911年逝世，他的趣题专栏出现在众多的报纸和杂志上。他在《妇女的家庭伙伴》（Woman's Home Companion）上的趣题专版，从1904年到1911年每月都照刊不误。

劳埃德于1911年4月10日去世后，他的儿子小塞缪尔·劳埃德以萨姆·劳埃德的名义继续编辑他父亲的趣题专栏。老劳埃德在他有生之年只出版过一本硬面精装书《国际象棋策略》（Chess Strategy），那是1878年他自己在他新泽西州的印刷所印制的。他死后，他儿子倒出版了父亲的不少趣题集，其中内容最丰富的是一本皇皇巨著《趣题大全》（Cyclopedia of Puzzles），1914年私人印行。《大全》是一本匆匆拼凑而成的书，其中不但多处答案遗漏，而且充满了内容上和印刷上的差错，然而它至今仍是最大最全最激动人心的单卷本趣题集。

本书中所有这些不同寻常的趣题，正是取自这本惊人的早已绝版的巨著。在原版的《大全》中，插图不知是谁提供的，而内容大多数是老劳埃德在早年报纸和杂志上的专栏的原样照搬。在我们这本集子中，已对文字进行了编辑，以求准确和明晰，同时也考虑到了保持原来的风格和历史韵味。对某些问题，我在括号中作了评注。

劳埃德的《大全》中有许多趣题与出现在著名英国趣题专家亨利·欧内斯特·杜德尼（Henry Ernest Dudeney，1857—1931）的书中的趣题相似。在某些情况中，可以肯定地说是杜德尼借鉴了劳埃德；在另一些情况中，则是劳埃德借鉴了杜德尼。但是，要追溯各个趣题是由这两位中的哪一位首先发表的，简直是一件不可能的事，因此很难说哪一位专家从另一位那里得来的更多。这两位趣题专家之间存在着相当激烈的竞争，而且他们都表现出毫不相让的姿态（在《大全》中，杜德尼的名字只提到一次），显然这两个人都毫不犹豫地擅用和修改对方的发明。此外，这两个人都对共有的源泉进行了大量的汲取——一是传统的趣题，他们予以新的解释；另一是来自无名氏的新趣题，它们曾以新笑话和打油诗的形式在民间流传。

这里再现的仅仅是《大全》中的一部分内容。我限定只选数学趣题（《大全》中还包括几千个谜语和文字趣题），选择的时候既着眼于多样化又考虑到当代人的兴趣。

马丁·加德纳

1. 爱丽丝漫游奇境记

我们请大家注意爱丽丝和那只柴郡猫的奇特交往①，它能隐没在微风中，只剩下它那不可抗拒的笑脸。当爱丽丝第一次见到她的猫朋友时，她想知道那是一种什么动物。因为在奇境国他们总是用写字来提问，于是她写出了她的问题。但是因为在奇境国他们念东西通常是从右到左倒着念或是从上到下、从下到上念的。她就如插图中的那种样子写了下来。这就允许读者在他们喜欢的任何地方开始，到任何地方结束，正如在奇境国里那样。

问题是这样的。你能有多少不同的方式读出爱丽丝的发问——"Was it a cat I saw?"（我看见的是一只猫吗？）读的规则是：从任何一个 W 开始，照着这个句子的字母排列沿着相邻的字母读到 C，然后再读到边上的任何一个 W。你可以向上下左右读②。

---

① 爱丽丝是英国数学家和逻辑学家道奇森（C. L. Dodgson，1832—1898）以卡罗尔（L. Carroll）的笔名写的童话《爱丽丝漫游奇境记》（Alice in Wonderland）中的女主人公，柴郡猫是她在奇境国遇到的一只时隐时现、总是咧开嘴笑的猫。——译者注
② 注意，你还可以成直角拐弯读。——译者注

2. 拔河趣题

四个壮小伙子正好同五个胖姑娘力量平衡,两个胖姑娘和一个壮小伙子同两个瘦姑娘势均力敌。

当两个瘦姑娘和三个胖姑娘对一个胖姑娘和四个壮小伙子时,哪一边会赢?

3. 山姆大叔的表链

不久前的某一天有人给我看一条奇妙的表链，是那种在表上连接着一串硬币的老式样。这条特别的链子由四枚硬币和一枚鹰形坠组成。如图所示，这些硬币分别被打了五个、四个、三个和两个孔，这样它们就可以用不同的孔相连接，从而为链子提供了多种不同的式样。

每种式样都是四枚硬币串接，一头连着表，另一头连着鹰形坠。这种可以有多种式样的特征，引起了一场讨论：这五个部件能排出多少种可能的式样，而任何两种都不完全相同。你的看法呢？

4. 混乱的帽子

非常有趣的趣题可以在任何时刻随着日常生活中发生的各种变化和出现的各种机会而产生。乔治·华盛顿·约翰逊是一位诚实的衣帽间管理员,他担保下面这个问题并非虚构,它发生在最近一次上流社会的聚会上。

在聚会结束的时候,还剩下6顶帽子,但是来取帽子的人都已酩酊大醉,他们没有一个人能出示存物牌,看着帽子他们更是认不出哪一顶是自己的。完全失去希望的约翰逊不得不让每个人自己来挑选。巧的是6个人中每一个人拿的都不是他自己的帽子。从趣题爱好者的角度来看,算出这种情况发生的可能性是很有趣的。如果6个人每人任意拿一顶帽子,那么没有一个人拿到他自己帽子的概率是多少?

5. 精通数学的警察

"早上好,长官!"麦圭尔先生说,"您能告诉我几点了吗?""当然可以,"以精通数学而闻名的克兰西警官回答,"从午夜到现在这段时间的四分之一,加上从现在到午夜这段时间的一半,就是现在的时间。"

你能算出这段令人费解的对话发生时的确切时间吗?

6. 钻石和红宝石的问题

有个常识值得了解,那就是钻石的价值是按照它们的质量的平方递增的,而红宝石的价值是按照它们的质量的立方递增的。例如,如果一颗1克拉①的高品质钻石值100美元,那么一颗2克拉的同样品质的钻石就值400美元,一颗3克拉的同样纯度的钻石就要值900美元。如果一颗1克拉高品质东方红宝石值200美元,那么一颗2克拉的红宝石就值1600美元。

一位有名的商人,熟知巴西、南非和地球上其他地方的钻石矿。他给我看了一对钻石耳环,据他说那是他用两颗不同大小的钻石换来的,钻石的价钱是按一颗1克拉钻石值100美元的标准算的。你能算出那两颗不一样大的钻石各有多重吗?注意,它们被他用来换了一对相同大小的钻石耳环。当然有许多答案,因此要求你算出的结果使两颗相同大小的耳环钻石既要等价于那两颗不同大小的钻石,又要是所有可能质量中最轻的,而且没有1克拉以下的零头。

① 克拉,钻石和宝石的质量单位,1克拉等于200毫克。——译者注

7. 廉价市场

史密斯在述说他在廉价市场的一次经历时谈到,他仅仅在30分钟内就花掉了一半的钱,这样,他剩下的钱的零头同他开始时钱的整数部分在数值上一样大,而剩下的整数部分同开始时的零头的一半在数值上一样大。那么,他花了多少钱?

8. 三个新娘

老财主宣称将按他的女儿们的体重给她们金子作为嫁妆，所以她们很快选中了合适的求婚者。她们在同一天结婚，并且在称体重之前吃了很多很多的蛋糕，这使得新郎们非常高兴。

新娘们的体重一共是396磅，而内莉比基蒂重10磅，明妮又比内莉重10磅。新郎之中，约翰·布朗的体重恰好同他的新娘一样，而威廉·琼斯的体重是他的新娘的一倍半，查尔斯·鲁宾逊是他的新娘的两倍。新娘和新郎的总的体重是半美吨①。这个题目是要你答出这三位新娘在她们婚后的全名②。

---

① 美吨，美制质量单位。1美吨等于2000磅，约合0.907吨。——译者注
② 英语中的姓名，名在前，姓在后。女子婚后要改用丈夫的姓。——译者注

9. 大台球趣题

三个人开始打一局有15个球的台球。按照这个台球厅的惯例,输者必须付这一局的钱。1号台球手是个行家,他应允2号和3号可以合起来同他比较击入袋中的球数。正当他们要开始的时候,第四个人进来并加入。他是个外人,不接受任何额外条件,按照平等的标准同另外三个人进行比赛。

积分架上显示出这一局中每人打进的球数。随后发生了关于谁是输者的争论。

这道趣题是要求说明,根据约定的条件,应该由哪一位台球手付这一局的钱?这个问题不像看起来那么简单,因为它曾被提交给最近一次台球锦标赛的选手们,结果没有两位选手能达成一致的意见。那么,谁应该付这局的钱?为什么?

10. 运砖工的问题

图中的男孩向这位运砖工提出了如下不同寻常的问题。

从地面上起步,然后在梯子上爬上爬下,一步走一级,最后你要到达最上面一级。你必须按照这样的方式爬上爬下:你得再回到地面一次,最上面一级你只能踏上两次,而其他各级踏过的次数相同。

例如,你可以爬过整个梯子一下子爬到顶,再经过整个梯子回到地面,然后再一次回上去爬到顶。这种方式你用了27步,完全满足条件。给你的问题是用最少的步数而且满足上述条件。有把握地说,在找到正确答案之前,你也许不得不在梯子上多次爬上爬下!

11. 棋手团长

我在访问圣彼得堡期间,见到了俄罗斯国际象棋专家奇戈林斯基。他告诉我,在俄日冲突爆发的时候,他被派去指挥一个兵站,那里有20个团被陆续编队,每个团每周都有100人被增加进去。在每周的最后一天,人最多的那个团被送往前线。

碰巧有一次,第一团有1000人,第二团950人,第三团900人,以此类推,逐一递减50人,直到第二十团(有50人)。奇戈林斯基将军发现,第五个团(有800人)的团长是一位国际象棋高手。照上面的编队方式,这位棋手团长在5周之后就要被送往前线。为了避免这样,奇戈林斯基每周只分给他30人,而不像别的团那样分给100人。

假如这个兵站总是有20个团在那儿被陆续编队,你能准确地说出还有多少周我们的棋手团长将不得不上战场?

12. 中国的文字转换趣题

这里是一个奇妙的文字趣题①,它是沿用我以前的"14—15 滑块游戏"的方法构造的。假定这12个滑块的每个上面都是一个字母,从上往下读能正确地拼成一个词。这道趣题是要求把这些滑块移动到水平方向的槽内,使这个词能正确地从左往右读出。

容易理解,任何由12个字母组成的词都可以用来做这道趣题,但不同的词会得到不同的结果②。某些词比另一些词更好办,主要是运气问题。请试着去找能以尽可能少的操作步骤解决这个趣题的词。

① 插图中第七个方块系粤语"他"字。——译者注
② 指把汉字改成字母并组成一词以后,不同的词完成从垂直到水平方向的转换所需的步数不同。——译者注

13. 使人为难的掺和

据说有一个老实纯朴的送奶人,他常常自夸他是凭良心做买卖,并说他从未使一个顾客失望过。有一天早上他很沮丧,他的牛奶数量不够,不能满足他的老主顾们。事实上,对于在他送货路线上的所有订户来说,他的货源是相当短缺,并且没有可能得到更多的牛奶。

他意识到这对他的生意会有严重的后果,更不用说会引起主顾们的失望,给他们带来不便,他不知怎么办才好。

他反复仔细考虑之后,决心保持他的良心和公正,不能给一些人送却不给另一些人送而显得偏心。他要

把全部牛奶分给所有的主顾,不过要用足够量的水来稀释他的牛奶,使牛奶的数量能满足所有人的需要。

经过努力的寻查,他找到了一口井,有着充足的纯净的水,能使他为了这个目的而心安理得地使用。他把一定量的水抽到一个罐子里,这些水掺进牛奶后就使他能供应所有的主顾。

但是他通常卖两种不同质量的牛奶,一种是1夸脱①8美分,另一种是1夸脱10美分,他用下面的巧妙方式,动手制作两种混合物。

1号罐里只装了水,2号罐里装的是牛奶,从1号罐倒入2号罐,使罐内的液体增加一倍。再把2号罐中的混合物倒回1号罐,数量刚好同1号罐中所剩的水一样多。然后,为了保证实现他所希望的比例,又从1号罐再次倒回2号罐,使其罐内的液体恰好增加一倍。这样,正如能很快表明的那样,两个罐里剩下的加仑数相同,但是在2号罐里水比牛奶多2加仑。

现在,情况不像看上去那样复杂,因为只需要倒3次就使两个罐子内的液体数量相等了。你能精确算出两个罐子里最后各自有多少牛奶、多少水吗?

---

① 夸脱,英美制液量单位。在英美制计量单位中,1加仑等于4夸脱。1夸脱约合0.946升(美国)或1.136升(英国)。——译者注

14. 家务难题

这是一个来自日常生活事务的有趣的小难题,有教养的家庭主妇用一分钟就能解决这个问题,但它会使一个数学家几乎发疯。

史密斯、琼斯和布朗是要好的朋友。布朗的妻子死去以后,他的外甥女就为他管理家务。史密斯也是个鳏夫,和他女儿住在一起。琼斯结婚的时候,他和他的妻子提出,他们大家都生活在一起。这个大家庭的每个成员(不论男女)在月初拿出25美元作为家庭开支,剩下的钱在月底平分。

第一个月共花费了92美元。在分余款的时候,每个人得到的美元数是不带零头的偶数。那么,每个人分得多少钱?为什么?

15. 卖鸡

一位农夫和他的妻子在市场上用他们的家禽来换家畜,换法是85只鸡换1匹马加上1头牛。已经知道5匹马恰好等于12头牛的价值。

"约翰,"妻子说,"我们还需要一些马,数量和已经换到的同样多。这样的话,我们过冬养的马和牛的总数也只不过是17。"

"我想我们还需要更多的牛,"她丈夫回答说,"再说,我发现如果我们把已经换到的牛的数量加一倍,我们得到的马和牛的总数就为19,而且我们正好有足够的鸡来换它们。"

这两位朴实的乡下人不懂代数,但是他们很清楚地知道他们有多少只鸡,以及它们能换多少马和牛。我们的趣题家们被要求根据这里给出的资料确定,这位农夫和他的妻子带了多少只鸡来市场?

16. 在巴泽兹湾猎鸭

　　这道题目的主题对于居住在巴泽兹湾附近的人来说是熟悉的，它引入了无疑被所有沉湎在猎鸭乐趣之中的人们所注意过的许多问题中的一个。

　　与这项活动有关的问题有许许多多，其中的每一个都值得思考，而我们的趣题家们对此无疑比我本人熟悉得多。因此我仅仅提及一个问题，它的特色可能在于它带有我的猎鸭风格。开一枪就打到一只以上的野鸭当然是个了不起的本事。因为这只有当几只野鸭在一条线上的时候才可能做到，所以就使得我研究了一下巴泽兹湾野鸭列队的方式。我碰巧发现了一些东西，是我一向缺乏的射手技能使得我发现它们的。

　　我注意到，这些野鸭总是排成两列飞来，在每一列的一侧各有一只野鸭，它们各领导着一列野鸭，可以说是头领。如图所示，可以看出这群野鸭可以连出三条直线，每条线上四只。现在只要等我和其中四只野鸭成一条直线，我就开火，希望能一枪打到好几只野鸭。我能很容易地打中一只野鸭，也许是两只，但我想打四只，或许最终一只也打不到，这使得我发现了下面的趣事。硝烟一散，

问题 questions

我就睁开眼睛,我发现这十只野鸭掉转了方向,改变队形回到沼泽地。然而我特别注意到,原先它们如图可以连出三条直线、每条线上四只的队形飞来,现在它们迅速飞离时,却可以连出五条直线,每条线上四只。我因为烟雾和慌乱没能看见它们是怎样做出这种变化的。但我注意到只有极少的野鸭改变了它们的位置。那么到底有几只野鸭改变了位置呢?如果哪只"幸运的鸭子"能为我正确地解决这个小小的问题,我将极其高兴地给予表彰。

图中显示十只野鸭可以连出三条直线、每条线上四只的队形向前。现在只是改变尽可能少的野鸭的位置把它们改编为可以连出五条直线,每条线上四只。顺便地,还能显示出有多少只野鸭离群而去,成了格罗弗的猎获物。

这个问题可以用实验的方法解决:把小筹码放在图中的野鸭处,再上下左右移动它们,直到你能连出五条直线,每条线上四只。

17. 三块餐巾

"贝特西·罗斯的剪纸绝技并没有什么了不起,我认为。"办公室勤务员说,"那把戏是那么容易,我都觉得讨厌。在餐厅的小姐中她不是数一数二的。天哪! 她们这不是在哗众取宠吗!"

"前几天玛吉给我出了一道趣题,那可是真功夫:取三块餐巾,每块1英尺见方,然后告诉我,你用这三块餐巾能覆盖多大的方桌?"

"不能裁剪,只是把它们铺开,可以重叠或折叠。看看这三块餐巾能盖住多大的一个正方形。"

18. 一美元的邮票

一位女士递给邮局卖邮票的职员一张1美元的钞票,说道:"给我一些2美分的邮票和10倍数量的1美分邮票,剩下的要5美分的。"这位职员怎样才能满足这个伤脑筋的要求?

19. 射击比赛

作为一个曾经参加过多次比赛的老射手,我对最近的电报射击比赛有着极大的兴趣。比赛中,美国人证明了他们对于法国人的优势,尽管比分相当接近——4889比4821。射击在大洋两岸同时举行,比赛结果用电报来回传递,这使得比赛具有刺激性和趣味性。

我觉得观众们的外行议论很有趣,他们被射手的语言弄得大惑不解。射手们似乎不断地大声喊叫着一天中的时间,奇怪的是同正确的时间不一致。许多人

低声解释着,把这归因于纽约和巴黎两地的时差。

"你打的是什么时间?"一位射击高手问另一位。"5点半,不过我想试试4点半。"

为了解释这一点,我要指出,在射程远的时候,必须考虑到风和距离。因此,每位射手都把他们的靶子看作一个钟面,如果瞄准靶心射击而子弹击中5点钟的地方,射手想打到"正中心"就必须对着11点钟射击。

在比赛中产生出一些问题,我相信这会引起我们的趣题家们的兴趣。例如,这里的一个问题给我留下了深刻的印象,我肯定,你解答这个问题所付出的辛苦会给你带来收获。

有一位射手六枪打了96环,不过这个成绩的认定需要对他的靶子进行仔细检查,以发现他打的三个"对子",他们用这个词来形容两发子弹穿过同一个弹孔的好枪法。

从这两位裁判员正在检查的靶子上可以看出各个圆环怎样表示环数。你能找出三个"对子"在靶上的一种分布方式使得总成绩是96环吗?

20. 生病的外甥

有一个奇怪的关于亲属关系的小问题,它有一个引人发笑的答案。鲁本大叔到一个大城市去看他的姐姐玛丽·安。他们一起沿着城市的街道往前走,来到了一个小旅店前。

"我们待会儿再走吧,"鲁本对他姐姐说,"我想停留一会儿,问候一下我的一个生病的外甥,他就住在这个旅店。"

"好吧,"玛丽·安回答,"你看,像我就刚好没有什么让人操心的外甥,我要赶紧回家。下午我们还能继续观光。"

玛丽·安和那个神秘的外甥是什么关系?

21. 小木匠的趣题

用不着福尔摩斯来告诉我们,下图中的故事不言自明:这两个孩子在阁楼上找到了一个旧的工具箱;他们的母亲参加下午的会议去了;这天一定是星期四,布丽奇特整天在外。还有其他一些有趣的特征在表现着它们自己,例如,孩子们把狗舍的侧面钉死以后,陶瑟怎样才能从小门出来? 不过,这个问题让陶瑟用它自己的方式去解决吧,我们就不必浪费时间,还是马上进入正题。

有什么最好的方法把这张餐桌的正方形桌面锯成最少的块数,然后拼在一起封住这个狗舍那敞开的一侧?

萨姆·劳埃德的趣味数学题

22. 混合茶

在东方,茶叶的混合是一门相当精密的科学,以至于不同种类茶叶的配合要计算到一盎司①的百万分之一!据说一些著名种茶者的配方已经保密了数百年,并且不可能被模仿。

为了说明混合茶叶这门科学的复杂性,为了证明揭开笼罩着这门技艺的神秘性有多么难,请注意下面所说的仅仅是把两种茶叶混合在一起的一个简单的题目。

这个混合茶叶的人收到了两个箱子,都是正方体,但尺寸不同。大的正方体装着红茶,小的正方体装着绿茶。他把这些茶叶混合在一起以后发现,混合后的茶叶刚好装满22个尺寸相同的正方体盒子。假如这些盒子的内部尺寸都能被精确表示为小数,你能算出绿茶和红茶的比例吗?

（换句话说，找出两个不同的整数，把它们的立方相加，其结果再平均分成22份，所得的数能有整数立方根。——马丁·加德纳）

① 盎司，英制质量单位。1盎司约合28.3495克（常衡）或31.1035克（药衡）。——译者注

23. 自行车旅行

这张地图标出了宾夕法尼亚州的23个主要城镇,它们由画得多少有点艺术化的自行车道路连接着。问题很简单:从费城(地图上东南角)出发,开始你的夏季旅行,最后到达伊利(地图上西北角),所有这些城镇都经过一次,而且任何一条道路都不重复经过。所有的条件就是这些。

这些城镇都编了号,以便解题者能用一列数字来说明他们采取的路线。在这个旅程中,并不要求你像平时实际中那样"尽可能走最短的路线"。只要能够到达目的地,不必去考虑自行车里程器上的读数。

24. 睡莲问题

诗人朗费罗[①]是一位优秀的数学家,他常常谈论把数学问题用有吸引力的形式包装起来的好处,他认为这样会引起学生们的兴趣,他们不必去啃教科书中那些枯燥、机械的语言。

睡莲问题是朗费罗的小说《卡瓦纳》(Kavanagh)中介绍的几个问题之一。它是如此简单,任何人,即使不具备数学或几何知识也能解决,而它却以一种令人难忘的方式说明了一条重要的几何上的真理。我忘了这个问题的准确的说法,那是朗费罗在讨论这个问题的时候对我本人讲述的,不过还记得它涉及一株长在湖里的睡莲:这朵花开在水面之上一手掌高,当微风吹斜它的时候,它在距离原处两胳膊远的地方触到水面,从这些情况可以算出湖的深度。

现在我们假设,像图上那样,睡莲在水面之上露出10英寸,并且如果它被拉向一个方向,它就会在离原处21英寸的一点浸没在水中。这个湖有多深?

---

① 朗费罗(H. W. Longfellow, 1807—1882),19 世纪最著名的美国诗人。——译者注

25. 荷兰人的妻子

在荷兰这个国家,仍然保留着一些老习惯。例如,买卖家畜、家禽和农产品,数量要是单数;买鸡蛋以20为单位;有些东西用打为单位;还有的用蒲式耳①、配克②或很小的计量单位;糖以3磅半为单位,等等。

有一个古怪的老问题,是两三个世纪前发表的,记载在一本关于老曼哈顿轶事的珍贵的集子中。它说明了荷兰移民买东西的复杂方式。用这本奇妙的书中的话说:"我熟识的三个荷兰人来看我,他们最近刚结婚,带来了他们的妻子。男人们的名字是亨德里克、克拉斯和科尔内留斯,女人们的名字是海尔特林、卡特伦和安娜,但我忘了谁是谁的妻子。好啦,他们告诉我,他们在市场上买了猪,每个人买的猪的头数和他们为每头猪付的先令数一样多。亨德里克比卡特伦多买23头,克拉斯比海尔特林多买11头。另外,他们

问题 questions

说每个男人比他的妻子多花了3基尼(即63先令)。现在,我要知道是否有可能根据对他们买东西的这些描述,说出各位男人的妻子的名字?"

结果是这群欢乐的人们在喝了他们的啤酒和荷兰杜松子酒之后,醉得无法准确说出谁是谁了,于是那位可敬的店主不得不通过开平方把这几对夫妇辨认出来。

这是一个古怪的问题,它很容易引出解趣题的实验方法。

---

① 蒲式耳,英美制容量单位。1蒲式耳约合35.238升(美国)或36.368升(英国)。——译者注
② 配克,英美制容量单位。1配克约合8.810升(美国)或9.092升(英国)。——译者注

26. 玉米地里的鸡

观察一下调皮的狗、猫和其他活蹦乱跳的宠物，它们欢闹的劲头和兴致看上去正如人类一样，这常常给我们留下较深的印象。要不是那两只淘气的鸡，或者用那位农夫的话来说是"该死的调皮鬼"，我就见不到像这样的一项运动。那两只鸡十分固执，无论怎样赶怎样哄，它们都不愿意离开园子。它们不飞也不奔跑，而只是躲躲闪闪，避开追逐者，且总让人恰好够不着。而当追不着它们的人一退去，鸡反倒成了追逐者，紧紧跟在他们脚后，发出挑衅和轻蔑的叫声。

问　题
questions

在新泽西州的一个农场,一些城里人习惯于来这里度夏,于是追鸡就成了农场里的一项日常运动。那两只可爱的鸡待在园子里,等着人们来追逐它们。这使人想起"官兵捉强盗"的儿童游戏,也启发我提出一道古怪的趣题,我对这道趣题很满意,因为它会令我们的某些专家感到头痛。

这个题目是问,那位农夫和他的妻子需要走多少步才能追上那两只鸡。

这块地用一株株玉米为标记分成64个方块。我们设想,他们在玩一种游戏,游戏的基本动作是在两行玉米之间从一个方块到另一个方块前后左右地移动。

双方轮流移动。首先让男人和女人各移动一步,然后让两只鸡各自走一步。游戏就这样继续进行,直到你找出用多少步能把这两只鸡赶到角上并擒获它们。当农夫或他的妻子移动到一只鸡所占的方块时,就算抓住它了。

这个游戏可以在西洋跳棋棋盘[①]上玩,用一种颜色的两枚棋子代表农夫和他的妻子,用另一种颜色的两枚棋子代表公鸡和母鸡。

[①] 和国际象棋棋盘相同,由64个黑白相间的方格构成。——译者注

27. 奇妙的房屋贷款方案

从普通生活中偶然发现的有着独特性质的问题，常常是有启发性的。这是一个来自一般日常事务的问题，任何人都能明白，不管他是否懂数学。事实上，提出并完成这件事的那个人，连普通的算术都不懂，更不用说计算简单的利息了。因为担心在数字上受骗，所以除了下面所说的方式以外，他不以其他任何方式进行交易。

看起来他想买一处房产，但能支付的现金很少，他又讨厌计算、抵押和利息。他宣称，除非接受他所谓的"房屋贷款方案"，否则他就不会购买。他将先付1000美元，另外的钱分5次付清，每过12个月付一次，每次付1000美元。这些钱将作为购买这处房产的全部付款，包括那5次延期付款所应付的利息在内。

这笔交易按照上述规定达成了，但是对于卖方来说，现金每年能给他带来5%的利息，所以这个问题是要确定卖方从这处房产真正得到多少钱。

28. 速记员的薪金

这里是一个来自普通生活中的问题，它很有趣，同时也迷惑了所有解题的人。不久前的一天，"老板"感觉相当好，所以对他的速记员说："现在，玛丽，鉴于你从不沉湎于无益的休假，我已经决定把你的薪金每年提高100美元。从今天开始的一年中，将以一年600美元的标准每周付给你薪金；下一年的标准是700美元，再下一年是800美元，如此下去，总是每年增加100美元。"

"因为我的心理承受力很脆弱，"这位感激的年轻女子回答说，"我提议让变化不要过于突然，这样保险些。薪金从今天开始是一年600美元的标准，正如已经提出的那样，但是在6个月之后把年薪提高25美元，并且只要我的服务能令人满意，以每6个月给我增加25美元年薪的方式继续下去。"

老板对他这位忠实的雇员和蔼地微笑，表示接受这一修正，但是他眼睛一眨，这使一些男仆们相信，不管怎样，老板因为接受她的建议而走了聪明的一步。你能说出其中的道理吗？

29. 称婴儿

奥图尔太太是一位有经济头脑的人,她想在自动收费的磅秤上仅花1分钱称一下她自己、她的婴儿和她那条狗的体重。如下面插图。

如果她的体重比狗和婴儿合起来还多100磅,并且如果狗比婴儿轻60%,你能确定她的小天使有多重吗?

30. 磨石趣题

据说有两个老实的叙利亚人将他们的存款拼凑起来买了一块磨石。因为他们的住处相距好几英里,他们就约定,岁数大的那位先留着磨石用,直到把这块磨石刚好用掉一半的体积,然后转给另一个人。

这块磨石精确的直径是22英寸,中心有一个 $3\frac{1}{7}$ 英寸的孔用来装轴,如图所示。当转给第二个人的时候,磨石的直径是多少?

31. 牛、羊和鹅

一位荷兰人带着一只羊和一只鹅,遇见了一位牵着一头牛的挤奶姑娘。突然这姑娘尖叫起来。

"什么吓着你了?"汉斯问。

"你想无礼地亲吻我。"害羞的姑娘说。

"我手里这些动物都快抱不住了,怎么还能干那个呢?"汉斯问。

"你不会把你的棍子插在地上用来拴羊,再把鹅放在我提的桶里吗?"姑娘诘问道。

"这头看上去很凶的牛会用角挑我。"汉斯说。

"哦,这头蠢牛不会用角挑人的,再说,你不会把它们三个都赶到我的牧场上去吗?"被惊吓的姑娘回答。

这里就产生了一个最有趣的问题,因为随着辩论的继续进行,发生了下列的情况。他们发现,这只羊和这只鹅在一起吃的草刚好同这头牛吃的一样多,因此,如果这块牧场能让牛和羊吃45天,能让牛和鹅吃60天,能让羊和鹅吃90天,那么牛、羊和鹅在一起能吃多少天? 要求及早回答,因为汉斯和卡特里娜正在打算马上"合伙"。

32. 海蛇群

海蛇的数量今年是出奇的多,在海滨胜地人们看到了许多新的种类。楠塔基特岛①上的船长们讲的奇怪故事又像过去一样令人毛骨悚然,而如此古老的话题如今却是异常新奇。

然而,柯达照相机的出现唤醒了公众的头脑,并且把海蛇捕捞业放在了真正的商业基础之上。老水手们夸张的故事和专业人员可靠的航海日记,如果没有一组照片来撑腰,就不再受欢迎。

一位船长声称,当他们停泊在科尼艾兰②沿海时,被一群海蛇所包围,其中有许多是瞎眼。

"3条看不见右边,"他回忆道,"3条看不见左边。3条能看见右边,3条能看见左边;3条左右两边都能看见,而3条两只眼睛都瞎了。"就这样,这些话正式写进了航海日记,并且船长正式发誓说"看到了18条海蛇"。

然而有一对摄影迷拍到了这群怪物,他们用洗出的照片在某种程度上否定了上面的整个说法,并且把海蛇的数目减少到可能的最低限度。那么这群海蛇究竟有多少呢?

---

① 大西洋岛屿,在美国马萨诸塞州科德角以南48千米处。18世纪时为一捕鲸业基地,现为旅游胜地。——译者注
② 美国纽约市一著名娱乐区。原为一海岛,河道淤塞后变为长岛的一部分。——译者注

33. 从船头到船尾

借此机会,我提请大家注意在欧洲十分流行的一种好玩的智力游戏或单人跳棋游戏的由来。这是一项属于英国的发明,因为它是由一位英国海员发明的。这位海员在斯塔滕岛的"海员避风港"①生活了40年,他曾在这个机构的创立者兰德尔船长的手下航行并引以为豪。

这位老海员能以极快的速度用小刀削出棋盘和棋子,卖给来访者。他经常以此换得一点点外快,用他自己的话来说这是"烟钱"。这游戏后来传到伦敦,并以"英国的十六子棋"的名称风行一时,但始终没有大洋此岸②受到注意。

这个游戏的目标是,用最少的步数互换黑子和白子的所占位置。一个棋子可以从一个方格走到相邻的空格,也可以跳过一个相邻的棋子(不管是白是黑)而到达一个空格。只允许沿着格子的排列方向走(如同国际象棋中的车);不许像在西洋跳棋中那样走向对顶的格子。

据一位目击者说,这位老海员对他的这项专长很得意,他经常向购买者提供一种以最少的步数完成游戏的走法。然而,他的走法弄错了,或者这种技巧已经

失传。也许这个世界从他那个时代以来发展了,因为在英国的趣题书以及数学著作中作为最短步骤而给出的方法都是有缺陷的,步数还可以减少。

---

① 1830年建于美国纽约州东南部的斯塔滕岛上的一家慈善机构,专门收养年老的海员。现已是"避风港文化中心",内有当年供老年海员用的生活设施,以及斯塔滕岛植物园和斯塔滕岛儿童博物馆等,供游人参观。——译者注

② 指美国。——译者注

34. 趣题国的赛跑

只是为了说明许多被这个赛跑弄糊涂的人差不多都没有真正懂得概率论,我们提出下面这个简单的问题:

如果对河马的赔率是1赔2[①],对犀牛的赔率是2赔3,那么对长颈鹿的赔率是多少?假设一切都是公正的,正如在趣题国中一直保持的那样。

与此图有联系的第二个题目是:

如果在2英里的赛跑中长颈鹿能超过犀牛1/8英里,在2英里的赛跑中犀牛能超过河马1/4英里,那么在2英里的赛跑中,长颈鹿能超过河马多少距离?

---

① 赛马等赌博活动中的术语。这里1赔2的意思是:如果河马跑第一,赌博公司除了归还所有押在河马身上的赌注外,还要赔出2倍于赌注的钱;当然,如果河马没有跑到第一,这些赌注就归赌博公司所有了。其他的赔率情况可类推。——译者注

35. 帆船竞赛

在插图中,两艘帆船正在三角形竞赛航程的第一段,航程是从浮标 A 到 B 到 C,然后再回到 A。

获胜的帆船上的三个外行水手试图记录下这艘帆船的速度,但他们三个都晕船晕得很厉害,他们的记录也因此受到影响。史密斯观察到帆船用三个半小时走了航程的前四分之三。约翰只注意到航程的后四分之三走了四个半小时。布朗太渴望回到岸上了,结果他的最大功劳就是观察到航程的中间那一段(从 B 到 C)比开始的那一段(从 A 到 B)多用了 10 分钟。

假设三个航标组成一个等边三角形,而帆船在每一段内的速度不变,你能说出这艘帆船走完全程用了多少时间吗?

36. 奶酪问题

一道好趣题的主题可能是由所碰到的某个事情，或者是偶然读到的小说而启发得到的，但是利用这个主题恰当构思出趣题的框架，可能需要花相当多的时间进行研究。日常生活中一些奇特的事情使我们有点感到迷惑，于是自然出现这样的想法："如果这件事情在没有被刻意赋予较大难度的时候，就以这种偶然的形式令我困惑，那么怎样才能把它包装成真正的趣题形式以隐藏所涉及的原理，从而增加其难度呢？"

问题一定要轻松地提出，所以要用图画来帮助解释题目的条件，同时把它真正的难点以某种方式隐藏起来。关于这种方式，布雷特·哈特①称为赋予整个故事以一种"天真而平淡"的简单性。趣题的名称正可以

用来把人们的注意力从关键处引开,因为正如一位古代哲学家他们会说美国话之前几个世纪所说的,"Ars est celare artem"②,他的意思是告诉制谜者们,真正的艺术是要把艺术隐藏起来的。这里显示了现代和古代的趣题之间的主要差别。

有一天我偶然来到一个军用补给库。当时一位助理员正在分配奶酪,我被他分奶酪的巧妙方式吸引住了。我越仔细思考,就越坚信这是一个令人高兴的启发,它最后能结晶成趣题的形式。我向军需官称赞他的助理员的技能,他回答说:"哦,那没什么!你应该看看他切馅饼!"

切一块馅饼只关系到表面,数学家们会说,它并不会用到比平方根或二次方更深的知识。在这个分奶酪的问题中,我们则要深入到表面以下,进入立方公式,也就是大家知道的三次方公式,因为我们必须考虑到厚度。

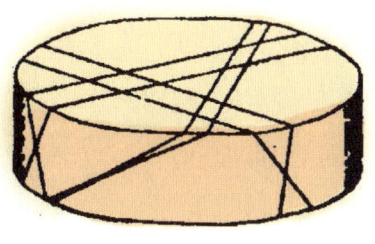

你能说出在右图中切6刀能切出多少块吗?

---

① 布雷特·哈特(Bret Harte,1836—1902),美国作家,乡土派小说的创始人之一。——译者注
② 拉丁语,意为"真正的艺术是藏而不露的"。——译者注

萨姆·劳埃德的趣味数学题

37. 从比克斯利到奎克斯利

这里有一个有趣的问题,是我骑着一头瘦瘦的骡子在从比克斯利到奎克斯利的路上想出来的。当地的一个向导唐·佩德罗牵着骡子的缰绳走在前面。我问他,我的坐骑能否变个速度?他说可以,但只会变得更慢,所以我只得以始终如一的速度继续我的旅程。

为了给唐·佩德罗一点鼓励——他可是我主要的依靠——我说我们可以取道皮克斯利,以便喝点饮料;从这以后,除了皮克斯利,他什么也不想了。

我们走了40分钟以后,我问道:"我们已经走了多远?"唐·佩德罗回答说:"刚好是到皮克斯利的一半那么远。"

我们又慢慢向前走了7英里①以后,我问:"到奎克斯利还有多远?"他和上次一样回答:"刚好是离皮克斯利的一半那么远。"

后来我们到了奎克斯利,请你确定从比克斯利到奎克斯利的距离。

---

① 英里,英制长度单位。1英里约合1.6093千米。——译者注

38. 两只火鸡

"这两只火鸡一共重20磅①,"小贩说。"小的比大的每磅贵2美分。"

史密斯太太用82美分买了那只小火鸡,布朗太太用2美元96美分买了那只大的。两只火鸡各重多少?

---

① 磅,英制质量单位。1磅约合0.4536千克。——译者注

39. 黑斯廷斯之战——方阵趣题

每个学历史的学生都知道发生在决定命运的1066年10月14日的那场值得永远纪念的战役[①]，它的详情是神秘而无法确知的。这个趣题涉及关于这个战役的一段奇怪的描写，它没有受到过应有的注意。

这段有问题的描写，如亨利·杜德尼教授所指出的，是这样说的："哈罗德的士兵站在一起，按照他们的习惯，排成13个方阵，每个方阵的人数一样。士兵们对敢于冲进他们阵地的鲁莽的诺曼底人，狠狠地用撒克逊战斧击断其长矛，穿透其铠甲。……当哈罗德自己投入战斗时，撒克逊人就排成了一个巨大的方阵，还呼喊着他们的战斗口号：'滚吧！''把你们一扫光！''上帝在我这边！'"

现代的专家们一致认为，撒克逊人确实是紧密排列着进行战斗的。在被认为是亚眠[②]的主教居伊（Guy）所作的诗《黑斯廷斯的卡门·德·贝洛》（Carmen de Bello Hastingensi）中，述说了"撒克逊人密集在一起"是怎样一个情形。亨廷顿的亨利（Henry of Huntingdon）谈到"方阵像一个城堡，诺曼底人无法攻破"。

  如果哈罗德的军队分为13个方阵,而当他自己加入这个阵容时又能排成一个大的方阵,那么应该有多少人?这个题目很难,以至于很少有数学家能正确地解答。

---

① 指英格兰最后一个盎格鲁-撒克逊国王哈罗德二世同诺曼底公爵、后来的威廉一世于1066年10月14日在黑斯廷斯附近进行的战役,经过一天的激战,哈罗德兵败身亡。——译者注
② 法国北部一城市。——译者注

40. 罗斯林勋爵赌博法

最近关于有人在蒙特卡洛①赢了777 777法郎的消息使人想起了几年前发表的罗斯林勋爵赌博法的原则。

我们不去探究像在蒙特卡洛进行的那种轮盘赌的技术细节,我们将认可下列说法,即罗斯林勋爵赌博法建立在赌博次数是7的倍数的原则之上,并请我们的趣题家们解决下面这个简单的问题。

假设有一个赌博者(只赌红色还是黑色,这两者的出现机会是均等的),他接连7次下1法郎的赌注。然后不论是赢是输,他把赌注增加到7法郎再赌7次。接着,他再赌7次49法郎的;再赌7次343法郎的;再赌7次2401法郎的;再赌7次16 807法郎的;再赌7次117 649法郎的。如果这样他赌了49次,结果赢了777 777法郎,那么他其中赢了多少次才正好赢得这些钱?

这个题目比较简单,不过现在令人感兴趣的是,它可以说明所谓"罗斯林幸运赌博法"的彻底荒谬性。

如果你一开始得不出恰好为777 777法郎的总数,那么做几次尝试就会看出这个题目中并不包含像看上去那么多的数学。

---

① 摩纳哥城市,世界著名赌城。——译者注

41. 饭后的戏法

对有兴趣于客厅戏法的读者来说，这里有一个有趣的问题，能有助于用在宴会后或晚会上让客人们高兴。在前一种场合下，用八个酒杯——四个空的，四个满的（不要太满）——可以很好地表演这个戏法。

在这里，正如在所有类似的表演中一样，一切都依靠表演者的技巧和灵巧的动作。他必须把台词背得滚瓜烂熟，以便能极其流畅地、运作自如地玩戏法，同时借助于他滔滔不绝的谈话，使听众得出这样的印象：他刚才所玩的是最容易的小花样儿，只要不是天生的笨蛋或者不可救药的醉鬼，任何人都能做到。它看起来确实是如此简单，几乎每个人都不由自主地接受邀请上前一试，以表示他能多么容易地表演这个技艺，从而证明他并没有喝醉。然而这时，笑话开始了——它将使100个人中的99个狼狈不堪。

这个问题是：一次拿起相邻的两个杯子，移动四次位置使得满杯与空杯交替排列。图中的杯子都编了号，以便于说明正确的步骤。

42. 红十字姑娘

在所有趣题中,没有什么东西像关于正十字形的形状和它与正方形、平行四边形及其他对称图形的特殊关系的一系列问题来得那样迷人。

和人们熟知的把正十字形分成最少的块数再变成一个正方形的问题不同,请注意下面的把一个正十字形变成两个正十字形的精湛技艺。

我们的一位受了伤的忧郁小伙子,由于一位忠实的红十字姑娘的护理而挽回了生命。他回家的时候,想要她胳膊上的红十字作为纪念品。她按照真正的情人的方式,拿起剪子灵巧地剪了几下,把红十字剪成好几块,这些碎块能完美地拼在一起,成为两个大小一样的红十字。这是一个简单而绝妙的技巧,你解出这个问题后的满足感,就和你获奖时一样美妙。

43. 湖的趣题

前不久的一天我去莱克伍德参加某块地的拍卖,但是没有一人买下,因为出现了一个奇特的问题。这块地就如墙上的招贴所示的那样,总共560英亩①,包括一个三角形的湖在内。但那三小块地据所示总共是560英亩,不包括那个湖。因为湖也在被拍卖之列,我和其他想买的人一样,希望知道湖的面积是不是真的已从这块地的面积中扣除。

拍卖商保证面积是560英亩"左右"。这对于买方来说是不满意的,所以我们听任他去跟蚂蚱争论,去向湖里的青蛙叫喊,而那个湖实际上是一片沼泽地。

我向我们的趣题家们提的问题是:那个三角形的湖有多少英亩?它如图所示,被三块正方形的土地所包围,这三块土地的面积分别是370英亩、116英亩和74英亩。这个问题会引起人们对数学变换的特别兴趣,通过这种变换,将对问题给出一个确切的肯定的答案,而按照通常的方法,将产生出一个不断递减但永不结束的十进制小数。

---

① 英亩,英制面积单位。在英制计量单位中,1英亩等于43 560平方英尺,1英尺等于12英寸。由于1英寸约合0.0254米,1英尺约合0.3048米,故1英亩约合4046.8平方米。——译者注

44. 海滩上最公正的游戏

不久前我和一位朋友在科尼艾兰游玩时,被人介绍去参加一个小游戏。那个人告诉我们,这是海滩上最公正的游戏。"这里有10个小偶人,你用垒球掷向它们。"这个人说,"1分钱一次,扔多少次随你的便,想站得多近也随你的便。把你击倒的全部偶人身上的数字相加,如果总数恰好是50,不多也不少,你就得到一支绕有一条金带的价值25美分的真正玛吉·克莱因雪茄。"

我们还没有弄清怎样才能赢,钱就用完了。我们注意到许多人都和我们一样没抽到玛吉·克莱因雪茄。你能说明我们怎样才能恰好打到50分吗?

45. 火星上的运河

这是在离我们较近的行星——火星上新发现的各个城市以及水道。从位于南极的标为T的城市出发，看你能不能经过所有这些城市并将所经过城市的代表字母顺次排列后能构成一个完整的英语句子，每个城市只能经过一次，最后回到出发点。

这个题目最初发表在一家杂志上时，5万多读者回答："不可能存在这种途径。(There is no possible way.)"然而这个题目很简单。

46. 无偿的土地——占地问题

这是一个来自孤星州（得克萨斯州的别称）的有趣的问题，它引出了一个有名的老问题以及我们许多读者无疑很熟悉的一点儿美国历史。得克萨斯实际上早在1830年就被美国人开拓，或者更确切地说是侵入，然而直到同墨西哥人和印第安人打完15年的仗，它才加入美国。之后不久，著名的占地法令实行。它使得开拓者可以无偿获得他在一年之内围住的或耕作的全部土地。

一些早期的开拓者有过相当困难的时期，但是他们的后裔总算是像他们所说的那样"熬到了头"，现在已跻身于世界畜牧大王的行列。而且据最近公布的一份官方报告，某些世界上最富有的土地所有者是印第安人。在西部那些大牧场中，牧场主们不会对阿基米德所夸口的"在西西里平原上放牧的白牛和花牛"那种规模庞大的畜群感到吃惊，但他们可能注意到一个混血印第安人得克萨斯·皮特的舒适的牧场。他是在占地法令实行后最早占地的人之一，该法令把他在一年之内所圈出或耕作的全部土地的所有权赋予了他。

根据他自己的叙述——他虽然早已超过70岁，仍然老当益壮，精神饱满——他和他妻子可以得到他们

在12个月内用有三根横档的围栏围住的所有土地,因此在整整一年中他和他妻子都在建造这个围栏。从这个故事中,我们有了下面这个奇特的问题:我们假设,这片土地恰好是个正方形,用有三根横档的围栏围住,如图所示,并且每根横档都恰好是12英尺长。如果我们假定,围住的土地的英亩数同用作围栏横档的木头根数恰好相同(我们还记得,43 560平方英尺等于1英亩),那么得克萨斯·皮特的大牧场有多少英亩的土地?

47. 丹麦国旗趣题

说到山姆大叔[①]最近要购买丹属西印度群岛的徒劳的谈判,有关维尔京群岛中这些岛屿所有权的一些不为人知的说法便流传开来。

圣约翰岛、圣托马斯岛和圣克鲁伊岛组成了丹属西印度群岛,它们都是哥伦布在1492年最早发现的。几个世纪以来,它们被认为没有任何价值,因此当一些失事船只上的丹麦人在那里升起他们的国旗作为呼救信号时,所有权就没有争议地转到了他们手里。依照习惯,这些岛都以海员的保护神的名字命名。

丹麦国旗难得见到,所以很少有人了解它。它是在红底上有一个白十字,但我从来不知道这面国旗是根据一条法规作出的。这条法规规定旗面的一半是白色。例如,假设旗子的尺寸是宽5英尺,长7英尺半,我们的趣题家中有多少位能找出最简单的法则来给出白十字的宽度,使白十字恰好占旗帜面积的一半?

[①] 指美国人。——译者注

48. 说出母亲的年龄

年龄问题总是很有趣的,它对于所有喜爱数学的年轻人有一种魅力。一般说来这类问题极其简单,但是在这个问题中,已知条件如此贫乏,陈述如此出人意料,以至于问题的要求显得惊人。

图中三人中的一位正在过生日。这引起了小汤米对他们各自年龄的好奇心,他父亲在回答他的提问时说:

"汤米,现在我们三个人的年龄加在一起正好是70岁。而我的年龄正好是你现在的6倍,可以说当我的年龄只是你的2倍的时候,我们三个人的年龄相加将是现在的2倍。现在让我看看,你能不能说出你母亲的年龄?"

汤米在计算方面很聪明,很快就解出了这个问题,不过他有着有利的条件:知道他自己的年龄并且能相当接近地猜出另两个人的年龄。然而我们的趣题家们只有关于父子俩年龄的比较数据,接着是那惊人的问题:"母亲的年龄是多少?"

49. 聪明的亚历克

任何一个在朋友们的聚会上出过趣题或表演过戏法的人都熟悉亚历克,知道他惯常表现出或试图表现出这样一种态度:在这个戏法被揭穿之前,他已全都明白了。假如他恰好看到过这道趣题,他就抢先说出答案,不让其他对此感兴趣的人得到尝试的机会。即使这个问题对他来说是新的,他也力图表明它同另外某个问题是多么相似,而他能轻易地证明另外那个问题优于这个问题。他的表白常常使我们想起波斯人的谚语:"一个无

知而不知道自己无知的人是令人讨厌的。"有趣的是在下面这个例子中他却哑口无言了。

哈里正要向他年轻的朋友们说明一道精巧的几何分割趣题,但他被了不起的亚历克无礼地打断了。亚历克认为这不过是趣题家们所熟知的著名而古老的僧帽趣题。这道趣题是我在50年前出给大家的,要求找一种方法把这张纸分成形状和大小完全相同的四块。

亚历克吵吵嚷嚷地要向每一个人讲解这道趣题。面对这种情况,哈里果断地回答:

"好!这道趣题是要把这张纸分成尽可能少的块数,再拼在一起,使之成为一个完整的正方形。我自己忘记了答案,但这里有一位朋友出于好意,自告奋勇地要来讲解。"

这道趣题不像看上去的那么容易,它很可能使一个内行在得出正确答案之前也要困惑好半天。当然有无数的方式把这张纸分成许多块来达到目的,但是要以最少的块数来完成这件事,就需要发挥你的独创性了。

50. 戴德伍德速递公司

戴德伍德速递公司把一位年轻姑娘所委托的两个箱子送到了西部的一个矿区小镇。在速递员和那位姑娘的矿工朋友之间立刻发生了一场有趣的争论。

争议在于，速递员对这两个箱子要按照货单上的说明以每立方英尺5美元的价格收费。而那位矿工极力反对，理由是他们的习惯一直是按每英尺长度5美元付款——根据矿业的规矩。他们看不出速递公司有什么权力以任何方式干涉一个年轻姑娘的箱子的"容积"[①]！

这位速递员被迫接受了他们提出的条件，于是他量了箱子的长度，以每英尺长度5美元收费。两个箱子都是精确的正方体，其中一个的长度恰好是另一个的一半。

这个问题的奇妙之处在于，当速递员把两个箱子放在一起并测量它们的总长度时，他发现这两种计费方式——每立方英尺5美元或每英尺长度5美元——的差别不到十万分之一。

这两个箱子的尺寸是多少？

这是一个简单而有趣的问题，它足以让我们的数学家们在想出正确答案之前动一番脑筋。

[①] 原文为 cubic contents，同"内容"（contents）双关。——译者注

51. 赚了多少

一个商人以50美元卖出一辆自行车,然后又花40美元买了回来,这样很显然赚了10美元,因为原来的自行车没损失,又多了10美元。现在他把他花40美元买的自行车以45美元再卖出去,又赚了5美元,即前后一共是15美元。

"但是,"一位簿记员说,"这个人以一辆价值50美元的自行车开始,第二次卖出以后他有了55美元!那么最终他赚的钱又怎会多于5美元呢?你看,50美元卖这辆车是一次纯粹的交换,表明不赚也不赔;而当他以40美元买进并以45美元卖出时,他这才赚了5美元,这就是全部。"

"我认为,"一位会计说,"当他以50美元卖出并以40美元买进时,他显然并且绝对是赚了10美元,因为他拥有原来的那辆自行车再加上10美元;而当他现在以45美元卖出时,则是纯粹的交换,表明不赚也不赔。这不影响他第一次所赚的,所以他只是赚了10美元。"

这是一个简单的交易,低年级的学生也能用心算算出来,可是我们却面对着三个不同的回答!你认为哪一个是正确的?

52. 瓶子问题

这里是一个关于减法和除法的小课题,它说明初等算术的重要性。不过,讨厌计算的解题者不必被这个问题吓住,因为这里涉及的减法和除法需要的是福尔摩斯式的机智,而不是数学家们的学问。

一位绅士的酒窖在夜间丢了2打瓶装酒,那是被小偷偷走的,如果小偷们像精通减法那样精通除法,也许这些酒还可留下一些。

他们偷了1打①每瓶1夸脱的和1打每瓶1品脱②的香槟酒,可是又发现带起来有点儿重。为减轻质量,他们一口气喝掉了5夸脱和5品脱的酒,算是预祝他们可敬的候选人在下次市参议员竞选中获得成功。为了不留下痕迹,也是为了瓶子能卖个好价钱,他们带走了空瓶。在他们的集合点,他们要平分7个满的和5个空的1夸脱的酒瓶、7个满的和5个空的1品脱的酒瓶,以使每人有等价值的瓶子和酒,但他们一时无法解决这一分配问题。如果他们不是喝得酩酊大醉以至于弄乱了头脑,或许这种分配还不至于如此困难。

他们不太懂得在这种事情中保持"沉默"是必须的,相反却大吵大闹了起来。这引起了几位警察的注意,他们突然出现在小偷面前,把小偷们费了九牛二虎

问题 questions

之力弄来的香槟酒都喝完了。不过这时又多出了几只空瓶,就和他们早上脑袋有什么感觉这个问题一样,与这道趣题无关。

不要再问我更进一步的情况,因为我不希望表示对这件事知道得太多。我要你告诉我有几个小偷,他们怎样分这7夸脱酒和7品脱酒以及5个1夸脱的空瓶和5个1品脱的空瓶,使得他们每个人能得到相等的份额。当然我们假定酒不能从一个瓶倒到另一个瓶里。任何内行的小偷都知道香槟酒不能那样倒,所以在这个问题上没有机会玩鬼把戏。

① 1打等于12。——译者注
② 品脱,英美制液量单位。1品脱约合0.473升(美国)或0.568升(英国)。在英美制计量单位中,1品脱等于1/2夸脱,即1/8加仑。——译者注

53. 巴格达的商人

巴格达的一位向穿过沙漠的朝圣者提供必需品的商人，有一次碰到了下面这个令人困惑的问题。有一个朝圣团的负责人来找他，要买许多酒和水。他拿出三个10加仑①的罐子，要求把3加仑酒装在第一个罐子里，把3加仑水装在第二个罐子里，把3加仑酒和3加仑水混合装在第三个罐子里，并且给他的13头骆驼每头3加仑水。

按照东方人的习惯，水和酒只按偶数加仑的量出售，而且这位商人只有一个2加仑的量桶和一个4加仑的量桶用来做这笔生意，这样就出现了一些意外的麻烦。然而，他不依靠任何欺骗手段或小机关，也不采用那些不用于这类计量问题的应急手段。他的水从满满一大桶（63加仑）出来，他的酒从满满一小桶（$31\frac{1}{2}$加仑）出来，按照所需要的比例完成了分配，没有任何浪费。把液体每次从一个容器装到另一个容器算作一步，那么至少需要多少步才能完成这笔买卖？

① 加仑，英美制液量单位。1加仑约合3.785升（美国）或4.546升（英国）。——译者注

54. 中国铜钱问题

中国人在几千年前就铸造金属钱币了,但是他们不了解流通的基本原理,这有时导致了无节制的和重复试验造成的浪费①。在这个"花之国"里,大宗买卖用的是金锭,上面印有日期和钱庄主人的名字。但是乡下通用的货币是银钱和铜钱,它们的价值起伏不定。他们把银钱造得越来越薄,直至2000枚叠在一起其厚度还不到3英寸。同样,普通的铜钱的厚度也是变化无常的,铜钱是中间带有圆孔、方孔或三角形孔的黄铜铸币,价值比我们的一密尔②多不了多少。中国人把它们串在一根绳子上,用筹码或小钱来测量它们的高度,以计算它们的价值。

假设11个圆孔钱币值15个小钱,而11个方孔钱币值16个小钱,11个三角形孔钱币值17个小钱,请说出需要多少个圆孔、方孔、三角形孔的铜钱正好能买下那条值11个小钱的胖乎乎的小狗。

① 本文中对中国古代钱币的描述,多有不确之处。——译者注
② 一密尔等于千分之一美元。——译者注

萨姆·劳埃德的趣味数学题

55. 苏黎世的怪钟

瑞士的旅游者们能认出,插图中的建筑是苏黎世近郊一个荒凉之处的一座废弃的教堂,旅游者们还能回想起关于教堂那令人迷惑不解的大钟的神秘故事。撇开故事中被旅游者们津津乐道的神秘色彩不谈,可以简单地说,这座教堂大约建于15世纪中叶。当时这个地方的最老的居民、一个名叫乔根森的人提供了这个钟,他被认为是钟制造业的奠基者,这个地方因此而变得引人注目。

这个钟从早晨6点开始走,同时举行了一个仪式,对一些最微不足道的事情瑞士人总是要举行这种仪式。令人遗憾的是,钟的指针被安错了齿轮,时针走动的速度是分针的12倍,用当地农民的说法,这是"时针的威风"。

当这个着了魔的时钟的奇怪样子被告诉给那位年老体弱的制钟人以后,他在床上坚持要人把他抬来亲眼看看这个奇怪的现象。由于惊人的巧合,当他来到时,这个钟精确地指示着正确的时间。这使得这位老人竟然就放心地与世长辞了。然而这个钟继续着它的奇怪样子,继续被人看作是着了魔。没有一个人有那么大胆子去修理它,甚至连上发条都不敢,因此它

的机件锈成了碎片,留下的只是我现在所说的这个奇妙的问题。

如果这个钟从6点开始走,如图上所示,又像上面所说的那样时针走得有分针的12倍那么快,那么指针第一次到达指示正确时间的位置是什么时候?

萨姆·劳埃德的趣味数学题

56. 戈尔迪乌姆结

当然,到了现在,已不可能改正对戈尔迪乌斯的非常不公正的做法。然而,作为真正感到悲哀的趣题家,我们可以谴责亚历山大大帝的专横行为。他参加趣题竞赛,进而又让自己作为仲裁人,为他那荒谬的答案给自己授奖。他开创了一个危险的先例,鼓励一种掠夺趣题的

问 题
questions

行为，这种行为到现在还没有灭绝。我们经常发现一些年轻的亚历山大们，他们喜欢根据自己的想法解趣题，并且效仿海盗的方式掠取奖品。

戈尔迪乌斯是一位质朴的乡下人，他养羊，种葡萄，然而由于他极其聪明，他成了弗里吉亚的国王。据说当他接受王权的时候，他把他以前的用具捆起来，用的就是历史上闻名的"戈尔迪乌姆结"。但是他的捆法十分特别，以至于那些结无法解开。神谕宣称，谁能解开这样的结，谁就将成为国王。

据说，亚历山大大帝做了许多徒劳的尝试，想解开一些这样的结，但急于求成，他最后被激怒了。他抽出剑砍断了绳子，喊着"想得到你要的东西就可以用这么普通的方法"。奇怪的是，那些熟悉这个故事和知道这种极端卑鄙的行为的人认为这体现了一种骄傲的气派，所以当他们克服了一些困难的时候，就会喊道："我砍断了戈尔迪乌姆结！"

萨姆·劳埃德的趣味数学题

根据历史学家和所有涉及过这个主题的作家的说法,这个趣题是公正合理的,它被描述得如此精确而详尽,以至于人们百般尝试,想将它描绘出来。戈尔迪乌斯的模仿者们创造过一些稀奇古怪而结构复杂的结。我不知道如果解结者也学着亚历山大的方法做,那些制结者是否会对这样的答案感到满意,我能想起来的唯一抗议如此解法的,是一些年代一定非常久远的充满智慧的诗句:

一个趣题没有被解开,不耐烦的先生,
转瞬间偷看了一眼答案——
当戈尔迪乌斯,这个农家孩子出身的弗里吉亚国王,
用那声名远扬的结
捆起他耕作的农具,急躁的亚历山大
没能解开而把它一砍为二。

在现在这个趣题中,我大量利用了百科全书式的知识,但完全遵从我找到的描述。这些描述都认为,绳子是这样捆定的:找不到绳头,农具被系在神庙的一个U形钉上。我接受拉蒂

默(Lattimer)的提示,那些农具可能是分别系着的,并且我还接受他的说法,修枝用的大剪刀是值得作为一个典型例子的。

这道趣题是为了夏季出游而特别设计的,无论是在海滨还是在山上度假胜地,它应该变得很普及。靠着耐心、恒心和静静的琢磨,它很容易解开。它是一个要在静静的"远离使人发狂的人群"的隐蔽处解决的趣题。

取一根大约一码长的绳子,把两端结在一起,成为没有绳头的一个绳圈。拿任何一种普通的剪刀,把绳子严格按照图中所示的那样绕上去,只是不把绳子穿过那个U形钉,而是把它张开,使它像一个项圈,套在一个年轻小姐的脖子上,让她坐在一个舒适的位置上,看谁能帮助你取下这把剪刀从而获得亚洲的王冠。

57. 神谕趣题

古代希腊人、罗马人、埃及人对他们神灵的神谕绝对虔诚。当我们了解了下面这一点以后，也许就能明白这种虔诚：大到宣布战争，小到一头牛的买卖，如果没有神谕的告知或认可，那就无论什么事情都不能着手进行。在名画《多多纳①的朱庇特②》中，画着两个农民因为很小的事情而请求神谕，他们被引领到一面镜子的面前。

为了说明这种压倒一切的重要性和尊严，或者是为了制造围绕着这些无关紧要的事情的神秘气氛，插图中有两个贫苦的农民希望知道在购买一些羊和羊羔的问题上，伟大的朱庇特是否会给予吉祥的微笑。

"它们的数目应该增加，"神谕说，"直到绵羊的数目和山羊的数目相乘得到的结果映在这面神圣的镜子中会显出羊的总头数！"

神谕中的话有某种含糊和神秘，但我们仍然把它提供给我们的趣题家思考。

---

① 希腊主神宙斯的古神殿，位于希腊的伊庇鲁斯。——译者注
② 朱庇特是古罗马神话中的主神，相当于希腊神话中的宙斯。——译者注

58. 高尔夫球趣题

现在人人都打高尔夫球，连在几星期前还宣称在阴凉的吊床里晃来晃去有多么舒服的懒汉，现在居然也加入了高尔夫球热，在高尔夫球场上跟着球满场跑。我称不上是个高尔夫球手，但是我认识一位天才，他有一套建立在数学基础之上的获胜法。他说："只要训练出两种能击出不同距离的击球法，一种是猛抽，另一种是轻击，直接对着球穴的方向击球，这两种距离的组合一定会使你成功。"

要学会击出多少距离的两种击球法，才能用最少的杆数打完一个9穴的球场？穴的距离是150码、300码、250码、325码、275码、350码、225码、400码和425码。假定每次击球，球都会飞满足够的距离，而且你可以到球穴的另一边，用任一种打法往回打。每一次击球都是直接对着球穴的方向。

59. 小屠夫

我的故事从艾克·里德所说的一件小事开始,就是那个老牌的约翰逊和里德骡马市场的里德。格兰特将军①在他最后一届总统任期内,一次在下午驾车出去以后回来,以一种幽默而微窘的方式告诉开威拉德饭店的沙德威克上校,他在路上被一辆屠夫的马车飞快地超过,他的几匹好马似乎被惊得停步不前了。他说他想知道那匹马是谁的,卖不卖。

那匹马很快就从一个朴实的德国人那里找到并买回来了。假如这个德国人知道买主是美国总统的话,他会开出比成交价高一倍的价钱。那匹马是浅色的,正是格兰特最喜爱的那种马。由于上面提到的那件小事,它被叫作"小屠夫"。

过了若干年,在那场华尔街大灾难②削弱了格兰特家的财力之后,小屠夫和它的伙伴被送到了约翰逊和里德的拍卖行,一共卖了493.68美元。里德先生说,如果格兰特允许说出这两匹马的主人,他能得到两倍于此的钱,但格兰特坚决阻止这事被人们知道。"然而,"里德说,"你还是赚了2%的钱,因为在小

问题 questions

屠夫身上你赚了12%,而在另一匹马身上赔了10%。"

"我想,某些人会由此而算出什么来,"格兰特回答。但从他笑的样子看来,他在计算方面比某些人强。因此我将要求我们的趣题家告诉我,如果他在一匹马身上赔了10%而在另一匹身上赚了12%,而在整个买卖上净赚了2%,那么他每匹马卖了多少钱?

---

① 尤利塞斯·格兰特(Ulysses S. Grant,1822—1885),美国总统,军事家,同时有相当的数学才能。——译者注
② 华尔街,美国纽约曼哈顿区的一条街,是美国一些主要金融机构的所在地。华尔街大灾难是指发生于19世纪80年代的一场经济危机。——译者注

60. 狂欢节上的骰子赌局

下面的骰子赌局在集市上和狂欢节上很流行,然而,对于参赌者的取胜机会到底是多少,几乎没有两个人能有一致的意见,因此我把它作为概率论中的一个基本问题提出来。

赌桌上画着分别标有1、2、3、4、5、6的六个方格,请参赌者把钱押在任意一个方格里作为赌注,钱多钱少随意。然后掷三枚骰子。如果只有一枚骰子掷出来是你所押方格的数字,你拿回你的赌注并赢得同样数量的钱。如果有两枚骰子是你所押的数字,你拿回你的赌注并赢得两倍于赌注的钱。如果三枚骰子都是你所押的数字,你拿回赌注并赢得三倍于赌注的钱。当然,如果每枚骰子都不是你所押的数字,赌注就被庄家拿走。

举例来说,假设你在6号方格里押上1美元。如果有一枚骰子掷出来是6,你拿回你的1美元并另外得到1美元。如果有两枚骰子是6,你拿回你的1美元并另外得到2美元。如果三枚骰子都是6,你拿回你的1美元并另外得到3美元。

　　参赌者可能会想：我所押的数字被一枚骰子掷出来的机会是1/6，然而因为有三枚骰子，机会就一定是3/6即1/2，所以这个赌局是公平的。当然，设这个赌局的庄家希望每个参赌者都这样想，因为这种想法是似是而非的。

　　这个赌局是对庄家有利还是对参赌者有利？如果是对某一方有利的话，有利多少？

61. 圭多的镶嵌画

很少有人知道,这幅由多梅尼基诺所作的通常叫作"圭多收藏的罗马头像"的著名的威尼斯镶嵌画,原先是分为两个由小方块组成的正方形,在两个不同的时期被发现的。1671年它们被放到一起,并恢复了想象中的正确样子。显然,这两个分别由小方块组成的正方形是偶然被发现能拼成如左页图所示的5×5的方块的。

　　这是一道美妙的趣题,并且和许多趣题一样,有时可以像数学命题那样,反过来求证也有好处。我们将把这个问题颠倒过来,要求你把这个大的正方形分成最少的块数,然后能重新拼成两个正方形。

　　这道趣题不同于用于斜割线的毕达哥拉斯定理。我们知道,两个正方形可以按对角线分开再组成一个大的正方形,反之亦同。但是在这个题目中,我们只能沿线分割,以避免破坏那些头像。顺便还有一点要提到,那些熟知毕达哥拉斯定理的学生们没什么困难就能发现那两个较小的正方形里一定会有多少个头像。

　　这类问题都要求"最好的"解答,即"最少的块数",这样就提供了发挥聪明才智的机会。在这个问题中,最好的答案不会破坏任何一个头像,也不会把它们头朝下地倒转过来。

萨姆·劳埃德的趣味数学题

62. 伟大的哥伦布问题

最近我偶然发现关于15世纪赌博热的一个生动描述。在那些骑士们惯常毫不在乎地下注的凭技巧或运气的游戏中,特别提到了这个往餐巾上放鸡蛋的游戏。这可能是那个哥伦布鸡蛋的故事①的真正来源,尽管这个故事中的机智对那个狂热的时代来说似乎总是过于平淡了。我知道它包含着一个有趣的原则,需要巧妙而独到的思路。

这是在两个对手之间进行的游戏,两人轮流往一块正方形餐巾上放大小一致的鸡蛋。一个鸡蛋放下之后就不能再移动,也不能碰到另一个鸡蛋。如此继续,直到餐巾被放满,再也放不下另一个鸡蛋。最后一个放下鸡蛋的人就是胜者。因为餐巾和鸡蛋的大小正如两个鸡蛋之间的距离一样是无关紧要的,看起来谁放下最后一个鸡蛋似乎是一件碰运气或偶然性的事情。然而凭借一个巧妙的策略,先放鸡蛋的人总是能获胜,正如这位伟大的航海家[2]所说,"一旦向你说明了,这就是世界上最容易的事情!"

---

① 指哥伦布把鸡蛋磕破使之直立的故事。——译者注
② 指哥伦布。——译者注

63. 玛莎的葡萄园

在殖民地时期，一位强健的殖民者承担了一项艰难的任务——开垦新英格兰沿海一个岛上的一片多石地带。他在他的小女儿玛莎的帮助下试图开辟一片葡萄园。为了鼓励，也是作为酬劳，他允许玛莎为她自己种植一小块恰好等于1/16英亩的正方形土地。

据说，玛莎按每行间距9英尺的惯例种下了葡萄，栽培方法也无特别之处。然而，这一小小的事业获得了成功，玛莎的葡萄园内枝叶茂盛，硕果累累，令人刮目相看。她种的葡萄按英亩计算比岛上其他葡萄园种的更多，而且还有许多有价值的新品种。

简单地说，故事就是这样。我不想怀疑玛莎的种植技术，也不怀疑是她的温柔可爱使她的葡萄更为香甜，我要就她的葡萄园提出一个实际的问题，这或许能够解释她那杰出成就的原因。

在这块1/16英亩的正方形土地上，以不小于9英尺的株距，能种下多少株葡萄？

这个问题十分有趣，它需要我们的数学家来发挥他们的聪明才智，并且不得不重温那早已被

遗忘的教科书。附带说一下，1英亩是 $208\frac{710}{1000}$ 英尺见方，所以1/16英亩是52英尺2英寸见方。你会发现，这与目前在乡村通行的一般测量方法不同，在那儿，1英亩的土地是按照210英尺见方来计算的。

64. 暹罗的斗鱼

暹罗（泰国的旧称）人是天生的赌徒，他们会把自己最后剩下的钱押在任何可以选择输赢的事情上。他们自己并不特别好战，但是他们喜欢观看任何其他动物之间的搏斗，从癞蛤蟆直到大象。斗狗或斗鸡是天天都有的，并且几乎全部按照文明国家公认的方式进行。但是在地球上的任何其他国家都不可能看到斗鱼！

有两种鱼，尽管它们是美味佳肴，但仅仅因为其好斗的习性而被饲养和重视。一种是个头大的白色河鲈，以王鱼著称，另一种是个头小的黑色鲤鱼，或者叫鬼鱼。这两种鱼之间是如此不共戴天，以至于它们一见面就互相攻击，战到你死我活。

1条王鱼在几秒钟之内就能轻易地吃掉1条或2条那种小鱼。但是鬼鱼很敏捷，而且行动很默契，所以3个这种小家伙就

能同1条大鱼抗衡，它们能战斗数小时而不分胜负。鬼鱼如此机智而娴熟地坚持它们的攻击方法，以至于4个小家伙就能

用恰好3分钟的时间杀死1条大鱼,而5条小鱼给1条大鱼以致命打击所用的时间将成比例地缩短。(即5条小鱼杀死1条大鱼用2分24秒,6条用2分钟,以此类推。)

这些敌对兵力的组合是如此精确可靠,以至于安排一场斗鱼比赛时,给定数量的一种鱼击败一定数量的敌方所需的时间能精确地计算出来。

这里提出一个问题为例,4条王鱼同13个小斗士相对抗。谁将取胜?一方消灭另一方需要多长时间?

(为了在劳埃德这个问题的陈述中避免歧义,需要说明,鬼鱼总是以3条或更多条为一群,攻击单独的1条王鱼,并且坚持攻击,直到把它干掉。例如,我们不能假设,用12条小鱼牵制着4条大鱼,同时第13条鬼鱼来回冲锋,攻击这些大鱼并干掉它们。可以这么说,如果我们承认零散的鬼鱼有战斗力,那么我们就会得出这样的结论:如果4条鬼鱼杀死1条王鱼用3分钟,那么13条鬼鱼用12/13分钟杀死1条王鱼,或用48/13分钟杀死4条王鱼(3分$41\frac{7}{13}$秒)。然而以同样的推理将导出如下的结论:12条鬼鱼能用1分钟杀死1条王鱼,或者用4分钟杀死4条王鱼而不需要第13条小鱼的帮助——这个结论显然是违反劳埃德关于3条小鱼不能杀死1条王鱼[1]的假设的。——马丁·加德纳)

---

[1] 原文误作"3条小鱼不能杀死1条鬼鱼"。——译者注

65. 四棵橡树之争

四橡树镇的名字来自一位早期开拓者的故事。他有一大块土地,留给了他的四个儿子,并且规定他们"按照一直作为土地标志的那四棵老橡树的位置,把这块土地分成相同的部分"。

儿子们无法和睦地分这块地,因为这四棵树确实没有提供线索来帮助他们。于是他们为此打官司,在这场以"四棵橡树之争"而闻名的官司中花去了全部的遗产。

告诉我这个故事的人认为这可以成为一个好趣题的基础,就他所提出的主题来说,这个想法已经实现了。

图中描绘了一块正方形的土地,其中有四棵古老的橡树,树之间的距离相等,从地的中心到一边排成一排。

这块地产留给了那四个儿子,要求他们把它分成四块,每一块地的形状和大小都完全相同,并且每一块土地都必须有一棵树。

这个趣题非精心构思之作,乃一时高兴所编,所以实在并不很难。不过,有把握地说,并非每个人都能得出可能得到的最好答案。

66. 古怪的教师

有一个奇怪的年龄问题，我肯定年轻人会喜欢它，同时它会给某些专门研究统计分析的人开创一种新的推算方法。

有一位独特的或者说古怪的教师，他想把一些年龄较大的学生吸引到他正在组织的一个班里来。他每天准备了奖品，班里的男孩或女孩哪一方出生后的天数加起来大就奖给哪一方。

第一天，只来了一个男孩和一个女孩，男孩出生后的天数恰好是女孩的两倍，因此第一天的奖品给了男孩。

第二天，女孩把她的一个姐姐带来学校。教师发现她们出生后的天数加起来恰好是男孩的两倍，所以奖品归两个女孩。

然而，第三天学校开门的时候，那个男孩叫来了他的一个哥哥。教师发现两个男孩出生后的天数加起来恰好是两个女孩的两倍，所以那天男孩们瓜分了奖品。

于是这场竞赛在琼斯和布朗这两个家庭之间激烈展开。第四天，两个女孩由她们的姐姐陪着来了；这样三个女孩和那两个男孩相比，当然女孩们胜利了。她们出生的后天数之和再一次恰好两倍于男孩们。竞赛继续进行，直到这个班满额，不过我们的问题不需要走得那么远。请告诉我第一个男孩有多大。此外，最后一位小姐是在她21岁生日那天加入这个班的。

这是一个简单而有趣的题目，要求独出心裁而不在于数学，解决的方法有点儿令人眼花缭乱。

萨姆·劳埃德的趣味数学题

67. 带锄头的人

下面这个简单的趣题在数学上真是一点儿也不难,以至于我很犹豫是否要采用。然而,正如埃德温·马卡姆①的著名诗篇一样,我相信它会引起有趣的讨论。

霍布斯和诺布斯答应为农场主斯诺布斯在一块地里种土豆,报酬是5美元。诺布斯40分钟能种下1行土豆,并且用同样的速度覆盖上土。而霍布斯呢,只用20分钟就能种下1行,但是他覆盖2行的时间,诺布斯能覆盖3行。

假设他们俩照这样下去直到把这块地全部种上,各人自己种下自己覆土;再假定这块地如图所示有12行,那么这5美元怎样分配才能使各人的报酬同他们完成的工作量成比例?

---

① 埃德温·马卡姆(Edwin Markham,1852—1940),美国诗人,代表作有社会抗议诗《带锄头的人》等。——译者注

68. 滚环蛇趣题

著名的博物学家冯·沙夫斯科芬曾经因为滚环蛇的互相矛盾的故事而极为烦恼。滚环蛇的得名是因为其特殊的运动方式,即

把尾巴咬在嘴里并且像圆环一样在地上滚动。许多博物学家描述了这种蛇的特性。一个大学教授声称见过三条蛇连成一个大环高速向前滚动,然后互相吞食而突然消失。

"吞食"完全有可能是骗人的,但是对滚环蛇的存在,则存有很大的疑问。冯·沙夫斯科芬教授走遍全国去寻找标本,终于在滚环山的荒野中发现了一条僵硬了的滚环蛇的完好标本,它的尾巴含在嘴里。他用小锯把这条蛇锯成10段,包在棉花里,然后带着他的这些宝贝成功归来。打那以后,他试图重新整理这些片段,使得头尾相连,不幸的是,他一次次都失败了。

数学家说,这10个片段能连成362 880条不同的蛇而没有一条是形成圆环的。怀疑者据此宣称:362 880∶1,这种蛇从来就不存在!

69. 虚假的质量

东方货币的尺寸和质量变化多端，以便于流动商贩占点便宜。这对我们的数学家来说，也复杂得难以掌握，因此在叙述下面这个东方人之间的交易方式的时候，我们将简化为用美元和美分来表示。

骆驼毛大量地进入了围巾和贵重地毯的制造业，它们由老百姓采集，并通过一个中间代理商，小批量或大批量地卖给商人们。为了保证公正，中间商从来不为自己购买，而是凭着收到的定购单去找那些愿意出售的人，并向双方各收取2%的佣金。这样，他在这笔交易中获利4%。然而，通过用天平耍花招，他总是设法欺诈到更多的利润，尤其在一名客户幼稚得对他的花言巧语表示绝对相信的情况下。

我这里请大家注意一道美妙的趣题，它和一笔交易有关，简单明了地说明了他所用的方法。在收进托售的骆驼毛的时候，中间商把骆驼毛放在他的天平的短臂那一头，这使得货物称出来的每磅质量比实际质量轻了1盎司[①]，而在出售的时候他把天平掉过头来，使得称出来的每磅质量比实际质量多了1盎司，这样他就骗取了25美元。

这看起来是——事实上也是——一个非常简单的问题，解题有清楚而充分的数据。现在问：这个中间商为收进这些货物付了多少钱？要求给出这个问题的正确答案，这将使一个熟练的会计绞尽脑汁。

---

① 在英制质量单位中，1磅等于16盎司。——译者注

70. 猫狗赛跑

许多年以前,当巴纳姆的马戏团被公认为是"世界上最出色的演出团"时,这位有名的主持人要我为他准备一系列的有奖趣题用于宣传。后来这些趣题变得像"斯芬克斯之谜"①那样广为人知,因为做出这些趣题就可得到高额的奖金。

巴纳姆特别喜欢猫狗赛跑问题。使这个问题闻名遐迩的是,他在某一年的4月1日②公布了答案并颁

奖,或者正如他巧妙的说法:"让猫从口袋里出来③,为了大多数关心者的利益。"

这道趣题表述如下:

"一只训练有素的猫与狗赛跑,100英尺直线往返。狗每跑一步是3英尺,猫每跑一步是2英尺,但是他跑两步她能跑三步④。现在,在这样的情况下,赛跑可能的结果是怎样的?"

这个问题的答案是4月1日公布的,加上他巧妙的提示"让猫从口袋里出来",这两点足以暗示这位杰出的主持人已经暗藏了某种玄机。

---

① 埃及神话中狮身人面怪物斯芬克斯向路人出的谜语,谁猜不中就要被它吃掉。该谜语说:今有一物,先是四足,后是两足,最后三足,这是何物?答案是人,幼时爬,长大后直立行走,年老时用拐杖。——译者注
② 西方的愚人节。——译者注
③ 意为泄露秘密,此处是双关。——译者注
④ 西方的习惯,在不强调公母时一般指狗用"他",指猫用"她"。——译者注

71. 趣题国的14—15滑块游戏

趣题国的老住户会记得,我在19世纪70年代是怎样使所有人都着迷于一个装有滑块的小盒子的,那就是知名的"14—15滑块游戏"。15个滑块按照顺序被排在一个正方形的盒子里,但是"14"和"15",如上图所示,顺序是颠倒的。这个题目是要求依次移动这些滑块,一次一个,使得"14"和"15"的顺序错误得到纠正,而其他滑块仍回到原来的位置。

为第一个正确解答这个问题的人提供的1000美元奖金一直没有被领取,尽管有几千人声称他们得到了要求的结果。

人们被这个游戏弄得神魂颠倒,甚至还有这样可笑的传说:店主们顾不上照料他们的商店;一位著名的牧师在冬夜通宵站在街灯下,试图回忆起他曾经成功完成这个题目的步骤。

这个智力游戏的神秘性在于，当人们似乎觉得有把握成功地解决这个难题时，没有人能回忆起他是按什么顺序移动而得到解答的。据说曾有开船的把船开翻了，火车司机把车开过了站。巴尔的摩的一位著名编辑说，他去吃午饭，但直到后半夜还没回来，焦急的同事们后来发现，他还拿着一小块饼在盘子里推来推去！农民们放下了他们的犁，我用插图表现出了这样一个例子。

从这个最初的题目，又演变出了几个新的题目，值得列出：

第二个问题——开始时滑块仍像上面的大图中一样，然后移动这些滑块使得号码顺序排列，不过空格不在右下角了，而是在左上角（见图1）。

第三个问题——开始时同上，然后把盒子转动90°，再移动滑块，直到如图2所示的样子。

第四个问题——开始同上，然后移动这些滑块直到它们成为一个"幻方"，即每一条纵行、横行以及两条对角线上的数字相加都得到30。

```
    1   2   3           4   3   
4   5   6   7       8   7   
8   9  10  11      12  11   
12  13  14  15      
```

图1   图2

72. 马铃薯赛跑趣题

在过去愉快的日子里,没有一个乡村集市少得了马铃薯赛跑。在某些地方,这个游戏仍然在乡村的少男少女中流行。把100个马铃薯放在地上排成一条直线,间距正好10英尺。从第一个马铃薯后退10英尺,放一个筐子。两个参赛者从筐子处出发,跑向第一个马铃薯。谁先拿到这个马铃薯谁就跑回来把它放进筐子里,这时另一个参赛者就去拿第二个马铃薯。以这种方式每次拿一个马铃薯放进筐子里,谁在筐子里放进了50个马铃薯谁就是胜者。

我们的第一个问题是:只有一个人从筐子处出发,每次拿回一个,请你说出他把全部100个马铃薯都放进筐子里要跑多少路?

我们的第二个问题更难一些,它涉及汤姆和哈里两人之间在赛跑中的不平等条件。因为汤姆跑得比哈里快2.04%,他允许哈里在比赛开始之前先去选一个马铃薯拿回来放到筐子里。换句话说,汤姆要获得赛跑的胜利,那么在哈里拿回他剩下的49个马铃薯之前,汤姆就必须先拿回50个。插图上看到

问 题
questions

的是哈里把他选中的一个马铃薯扔进筐子里。

比赛的结果将取决于哈里选哪一个马铃薯。请你确定,哈里为了取得最大的获胜机会,他应该选哪一个马铃薯?如果他做了正确的选择,比赛的结局将会怎样?

73. 马尼拉的买卖

麻绳或称吕宋绳,菲律宾群岛最重要的特产,在很大程度上被中国的出口商控制着。他们用船把这些产品运往世界各地。一些商人和小商贩则是日本人,他们做生意有他们自己独特的方式。但由于没有一种确定的货币,也没有固定的价格,结果几乎每一笔买卖都要引起一场争吵。

下页的插图表现了做买卖的这种简陋的方式。不知当地话怎么说,我们将这样叙述。一个水手走进了一家绳子商店问道:"你能告诉我像样的卖好绳子的商店哪儿有?"

店主忍着这种含蓄的侮辱,说道:"我这里只卖最好的绳子,恐怕我这里最差的绳子也比你想要的还好。"

"把你这里最好的绳子拿给我看。我可能会采用,一直到我找到更好的为止。这缆绳你要多少钱?"

"这一捆7块钱,有100英尺长。"

"太长了,也太贵了。好的绳子我最多才出1块钱,而这太糟了"

"这是标准的绳子,"店主回答,并把证明长度和质量的完整封印给他看。"如果你钱不够,你要多少买多少,按1英尺2分钱算。"

"剪下20英尺。"水手说着,炫耀地拿出一枚5元的金币,显示他买得起。

店主量出了20英尺,他的动作很夸张,让人放心尺寸是足够的。但是,水手注意到,他那把应该1码长的尺正好短了3英寸,在33英寸的刻度处折断了[①]。所以当绳子剪断以后他不动声色地指着长的一段说:"我买80英尺的这一段。你不必送,我自己搬。"然后他扔下一枚5元的假金币,店主找不出零钱,拿到隔壁去兑开。水手一拿到找的钱,马上就拿着绳子走了。

这个趣题是要说出店主损失了多少钱,假定他又被邻居叫去要求把那枚假的5元金币换成真的,绳子也确实值1英尺2分钱。

① 码,英制长度单位,1码约合0.9144米。在英制计量单位中,1码等于3英尺,1英尺等于12英寸,因此那把尺的长度应当是36英寸。——译者注

74. 月亮问题

"说到通过意念的作用来治病的可能性，"一位著名的专家在他最近为一家医学杂志写的文章中说，"我想谈谈在瑞士，想象的力量在那些山野牧猪人中间是如此的强大，以至于发酸的黑面包他们能吃得非常津津有味，因为他们相信那是来自月亮的鲜奶酪！他们竟然通过了一项切月亮的动议，并且像孩子那样由于想象中的分配问题而吵闹起来。"

我对这个问题中涉及基督教科学派①的这方面内容不感兴趣，我注意的只是这个故事有可能产生一道奇特的趣题。因此，让我们也进入图中那些人们的可笑的想象之中，并设想那位老资格的刀手正在思考，用一把刀划五条直线最多能把月亮切成几块。不幸的是这些山野牧人只有满月四分之一大小的蛾眉月可供享用，这使他们陷于配给不足的境地，因此他们正在试图将月亮分成最多的份数。你的智慧能帮助他们吗？

问题
questions

用铅笔和直尺在图中的月亮上画五条直线,看看你能分成多少块。

① 基督教科学派是主张靠信仰治病的宗教派别。——译者注

75. 四对私奔者

所有真正的趣题家当然都熟悉这样一个古老的问题:一个人带着一只狐狸、一只鹅和一些玉米要渡过一条河,只有一条小船,而一次只能带一样。这里有一个四对情人的故事,同样古老,用的也是同样的方法,不过看来要复杂得多,以至于最好的或者说最简短的答案似乎被考虑过这个题目的数学家们漏掉了。

据说,有四个男人和他们的情人们私奔,在途中他们不得不渡过一条河。只有一条小船,而一次只能乘两个人。如图所示,在河的中间有一个小岛。这些小伙子们看来非常多心,他们中没有一个人允许他未来的新娘在任何时候同任何别的男人在一起,除非他也在场。

当船上刚好只有单独一个姑娘的时候,除了她的情人,没有一个男人会单独上船,无论是从岛上还是从岸上,都是这样。这使人怀疑姑娘们也很多心,担心她们的男朋友如果有机会的话会跟别的姑娘跑掉。好了,随他去吧。我们这个问题是

要找出最快速的方法让这批人过河。

我们假定这条河有200码宽,在河的中间有一个岛,上面站多少人都行。用这条船按照规定的条件把四对情人都安全地渡过河,需要多少个步骤?

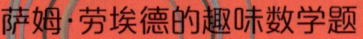
萨姆·劳埃德的趣味数学题

76. 挑战国王

据说在法国历史上有一个有趣的故事,说的是法国王储在同勃艮第公爵下国际象棋时怎样把自己从面临被将死的困境中解救出来。他的方法是把棋盘摔在公爵头上,棋盘碎成了八块。这个故事经常被象棋作家们用来证明胜利并不总是由棋艺决定的,由此还产生了棋局中以"王的甘必特①"而闻名的一种有力的攻击方式。

棋盘摔成八块这件事总是触动我那年轻人般的想象力,因为它很有可能包含了一个重要问题的基础。虽然八块的限制使得我们没有机会增加难度和变化,我还是给我们的趣题家们提出了一个适合夏天气候的简单的小问题——怎样用这八块碎片拼成一块完整的8×8的棋盘。我并没有感到这道趣题与历史典故完全无关。

这道题目很简单,它教给我们一条适用于构造这类趣题的

问题 / questions

有用的法则。由于没有给出两块同样的形状,这就避免了其他的解法,而且增加了解题的难度。

① 甘必特(gambit),国际象棋中的一种弃子开局法。——译者注

77. 早期的铁路

在这个早期铁路的例子中,有一节车头带着四节车厢同另一节带着三节车厢的车头相遇了。问题是要确定最便捷的方法,借助于侧线使两列火车都通过,而侧线的长度只够容纳一节车头或一节车厢。

没有绳索、杆子或临时转辙器可以使用,而且不言而喻,车厢不能连接在车头的前面。在解答中车头每倒退一次算作移动一次,那么车头必须来回多少次才能达到目的?

78. 年度野餐

当他们出发去进行盛大的年度野餐的时候,每辆车所乘的人数恰好相同。在半路上有10辆车坏了,所以剩下的车每辆必须再上一个人。

当他们动身回家的时候,发现又有15辆车不能用了,因此在归途上,每辆车上要比他们上午出发的时候多3个人。

有多少人参加了这盛大的年度野餐?

79. 红桃趣题

在最近访问克雷森特城棋牌俱乐部的时候,我注意到出现在主接待室一扇窗户上的一个奇特的红桃。这是来自德累斯顿的图案,仿照了教堂窗户的风格,用许多小块的彩色玻璃巧妙地拼在一起,从而形成所要求的样式。

关于这不适当的颜色①,没有人说明甚至没有人被要求说明是什么原因。它起先被看成是一个疏忽而引来不少议论,但后来又得到赞同,不仅是由于一个像红桃这样的东西很新奇,而且还因为一个同样形状的黑桃会使这个房间太暗。

然而,听说这实际上是制造者出的错,因为红心曾经是这个俱乐部的标志。这促使我仔细观察了这窗户。这个红桃是由三部分构成的,而且很快我发现,重新摆布这几部分,它们就能拼成红心,如同当初所希望的那样。

---

① 指扑克中的花色或者是红心或者是黑桃,而不可能是如图中的红桃。——译者注

80. 足球[①]问题

我没有特制的铁鼻子来保护自己,所以我不参加我不熟悉的运动,以免伤害到这个器官。在我的学生时代,护肘、护腿还不时髦。我们通常是用我们的脚踢足球,正如足球的名称所表明的那样,从来也没有想要伤害对方的球员。

不过,我的趣题同"跑动带球""踢悬空球""触地得分"乃至大脚踢球都无关。它很简单,是一个小小的回忆,那里我们家乡的男孩们喜欢在草地上踢那种老式的软橡胶球。

我们住在遥远的乡村,我们的球往往是按尺寸去邮购的,就像体育用品商店给顾客的广告上所要求的那样,"给出所需要的准确的英寸数"。题目就是从这里来的。

我们被告知要用英寸提供所需要的球的大小,但我们不知道指的是球表面橡胶的平方英寸还是球内气体的立方英寸,所以我们把这两者结合在一起订购了一个球,它内部气体的立方英寸数同它表面的平方英寸数恰好相同!

我们的趣题家有多少能想出订购的这个球的直径?

[①] 此处指美式足球。——译者注

81. 圣巴特里克节游行

在最近的一次圣巴特里克节游行中,出现了一道奇妙的趣题。总典礼官按惯例发布通告宣布:"爱尔兰仪仗队的队员们,如果上午下雨就在下午游行,如果下午下雨则在上午游行。"这使人们产生了一种普遍的印象:在圣巴特里克节那天,下雨被看成是必然的事。凯西夸口说他"从少年时代起就参加了每年的圣巴特里克节游行,已经有四分之一个世纪了。"

我可不管上述说法可能导出的古怪解释,我要说的是,凯西最后由于年老和肺炎倒下了,他曾经在这不朽的队伍中行进。当那些小伙子们在3月17日再次集合起来向他们自己和圣巴特里克致敬的时候,他们发现凯西在他们队伍中留下的空位很难填补。事实上,这个空位是如此麻烦,它打乱了游行行列,使其变成了惊慌失措的送葬队伍。

按照惯例,小伙子们肩并肩10个人排成一行,走过了一两个街区,但是在最后一行只有9个人,凯西以前总是走在那一行,因为他的左脚有毛病。观众们大声喊叫着询问"那个跛脚的小家伙"的情况,喊声完全淹没了爱尔兰管乐队的音乐。结果他们认为最好改编为每行9个人,因为每行11个人不行。

然而凯西的缺席再次被发觉。当发现最后一行结果只有8个人时,队伍停下了。他们赶忙试着改成每行8个人;再改成7个人,然后6个、5个、4个、3个,甚至每行2个人。但是人们发现,每一种队形总是在最后一行出现凯西的一个空位。这时,虽然我们会觉得是愚蠢的迷信,但每次他们重新出发时都有人听见凯西"一瘸一拐"的脚步声。这一消息立刻悄悄地传遍了整个队伍,小伙子们坚信那是凯西的幽灵在行进,没有一个人敢走在最后。

然而,总典礼官是一个机敏的人,他采用把人们排成单列行进的办法来迅速甩掉凯西的幽灵;因此,如果凯西的幽灵跟随着队伍,他就排在这个最长的队伍的最后面,向他的保护神致敬。

假定游行的人数不超过7000,你能算出在队伍中行进的到底有多少人吗?

82. 水管工的问题

这里有一个水管工程的实际问题，它会引起那些注意力转到技术方面来的人的兴趣。水管工、锅炉修配工和水槽修建工测算容积时，把7加仑①半换算成1立方英尺，这种换算对于实际情况是足够精确的。当然数学家会告诉我们，1728立方英寸等于1立方英尺，因为12×12×12=1728，而7加仑半等于$1732\frac{1}{2}$立方英寸。水管工们高兴地多加了$4\frac{1}{2}$立方英寸，因为他们是一群慷慨的家伙。

一个水管工要估算出制造一个容积为1000立方英尺的铜水槽所花的尽可能低的成本。选用的材料是3英尺见方的薄铜板，每平方英尺要1美元，所以问题是确定一个容积为1000立方英尺的矩形水槽的最经济的尺寸。

不言而喻，如果这个铜水槽的底面是10英尺见方，10乘以10等于100就是底面面积，再乘以深10英尺，就是一个容积为1000立方英尺的水槽的准确尺寸。

一个边长10英尺的立方体容积是1000立方英尺，这是不错的，但是它需要500平方英尺的铜板（底面和边上四面各100平方英尺）。我们的问题是确定一个容积为1000立方英尺的水

问题 questions

槽的最经济的方案,即尽可能使用最少量的铜板。

这是车间里一个简单的日常问题,每一个技工都会以他自己满意的方式处理,而数学家会看出它含有"倍立方问题"[2]。

---

[1] 加仑,英美制液量单位。1加仑约合3.785升(美国)或4.546升(英国)。美制1加仑等于231立方英寸。——译者注

[2] 著名的古代三大不可能作图题之一,要求只用直尺和圆规按照规定作出一个立方体,使它的体积是一个给定立方体的两倍。另两个问题是三等分给定角和化圆为方(作一正方形,使它的面积等于一个给定圆的面积)。近代数学家证明这三个问题都无解。——译者注

83. 小马趣题

许多年以前,我和安德鲁·G·柯廷(Andrew G. Curtin)一起从欧洲回来,他是宾夕法尼亚州有名的战时州长(他从在俄国的职业上回来谋求美国总统的提名)。途中我们议论了在英国伯克郡阿平顿山上的奇怪的白马标记。

如果你对古代撒克逊人的这个不可思议的遗迹一无所知的话,左边这幅草图会使你对它的样子有一个极好的想象。它表现的是一匹巨大的白马的轮廓,有好几百英尺长,刻在海拔1000英尺左右的山坡上,在大约15英里以外也能很容易看见。它有1000多年的历史了,据推测是由艾特尔雷德和阿尔弗烈德①的士兵们在战胜了丹麦人之后刻在那里的(白马是撒克逊人的象征)。它看上去像山坡上的一片白雪,实际上是铲去了绿色的草皮以显出下面的白垩从而形成马的形状。

在不厌其烦地议论了这匹白马之后,这位州长开玩笑地大声说:"劳埃德,现在有一个绝好的趣题题材了。"

许多好的趣题的想法正是来自这样的提示。因此,我拿起剪刀和一张剪影用的黑纸,飞快地即兴剪出了左页插图中的这匹马。

修饰那匹古老的马的各部分及其整体形状是一件很简单的事,我进行了修改,成为后来发表的那个样子。但不知为什么,我最喜欢这匹马最初剪出的那个样子,包括它的所有缺点,因此我现在拿出来的是那匹马实际出现在我面前的那个样子。

在最近的10年中,世界有了飞速的变化,趣题家们也比过去精明多了。在那些日子里,很少有人,可能一千个人里面没有一个真正精通趣题,所以这将是一场老一代同现在一代之间的第一流的智力测验,测试一下今天有多少聪明的头脑能解这个问题。

精确地摹画一张上页所示的图样。细心地把它如图剪成6块,然后试着摆布它们,尽可能拼成一匹马的最好的图案。就是这些,不过用这6张纸片能拼出各种各样的马,其形象之怪诞,能让全世界笑上一年。

这个"小马趣题"游戏我卖出了10亿份以上。这使得我说,我设计了许多趣题,获得过众多的发明专利,令我感到悲伤的是,我在这些"大事"上花费了大量的时间和金钱,但许多钱却是从像"小马趣题"这样的小玩意儿得来的。把它们放到市场上促销,花不了5美元。

---

① 艾特尔雷德(Aethelred Ⅰ,? —871)和阿尔弗烈德(Alfred,849—899)兄弟二人先后是公元9世纪英格兰西南部撒克逊人韦塞克斯王朝的国王,曾共同抗击入侵的丹麦大军。——译者注

84. 旧灯塔

到过泽西海岸旅游度假的旅行者们都熟悉风景点上的那座旧灯塔。它位于伸向大海的小小的突起的礁石上。作为灯塔它被使用了半个多世纪,塔的遗迹已近乎消失。这张插图取自一幅素描,素描作于50年前,是从一位现在96岁的老住户那里得到的。他回忆了这座塔的落成,那时他还很小。当时,全县的人都出来庆祝这件事,附近几乎没有人不相信这座旧灯塔要比巴别塔[①]还高一点儿。

那里现在没什么了,只剩下一根大约60英尺高的烧黑了的柱子,楼梯已经在20多年前被火烧毁了。而这张画和县里的记载一样,显示这座塔当初高300英尺。

这在当时确实是一个了不起的高度。在一个多世纪以前,纽约市周围的人谈论关于高度概念的最大极限就说:"和三一教堂的尖塔一样高。"随着岁月流逝,时代变了。就在不久前的一天,三一教堂可敬的司事抱怨毗邻的办公楼上的孩子们,说他们把东西扔下来掉在了教堂的塔尖上。

灯塔的中心柱子是用巨大的杆子精巧地钉在一起而构成的,装着铁扶手的螺旋形楼梯围绕着它。扶手恰好绕柱子4周,如图所示。每一级台阶有一根栏杆柱或者说栏杆桩,而且因为这些桩恰好间隔1英尺,所以它们就真正成为确定到达塔顶有多少级台阶的简单的依据了。然而据提供了这张画和塔的历史的赫夫船长说:"我还从来没有见过一个来这里度夏的城里人能正确地数出有多少级台阶。"

简要资料如下:从地面到塔顶最后一级台阶有300英尺高,扶手绕塔4周,每一级台阶有一根桩,间距1英尺。对此我们必须再补充整个塔的直径(也就是由扶手环绕所形成的假想的圆柱的直径),它是23英尺10英寸半。环梯上有多少级台阶呢?

① 《圣经》上说的通天塔。——译者注

85. 柏拉图的立方体

人们常常提到关于古希腊提洛①问题即倍立方问题的传说。菲洛波努斯②告诉我们,在公元前432年,遭受瘟疫的雅典人是怎么向柏拉图③请教这个问题的。他们事先在提洛请示神谕,阿波罗④告诉他们,必须把神庙中黄金祭坛的体积加倍才能躲过瘟疫。他们无法做到这一点。那个时代最伟大的数学家和哲学家柏拉图告诉他们,他们要为故意忽视崇高的几何科学而受到惩罚,并哀叹他们之中无人能有足够的智慧来解决这个问题。

提洛问题是要把立方体加倍,不能多也不能少,它

往往被混同于"柏拉图立方",那些不精通数学的作者们糟糕地把它们混在一起。"柏拉图立方"有时被称为"柏拉图几何数",通常还附带着说明:已知的关于这个问题的确切情况很少甚至没有。有些作者声称它的内容已经失传。

有一个关于一个巨大的立方体的古老传说,它竖立在一个砖铺的广场中央。这个传说并不需要你把这个纪念碑想象为同柏拉图的问题有联系。从图中可以看到,柏拉图凝视着这个巨大的大理石立方体,它是用一定数量的较小的立方体大理石块砌成的。纪念碑坐落在一个正方形广场的中央,广场同样用小立方体大理石块铺成。地坪所用的立方体同纪念碑所用的恰好一样多,尺寸也完全相同。如果能说出修建这个纪念碑和它所在的这个正方形广场需要多少立方体块,你就解决了"柏拉图几何数"这个重要的问题。

---

① 爱琴海上的希腊小岛屿,古希腊时代的一个宗教、政治和商业中心。——译者注
② 菲洛波努斯(John Philoponus,活动时期6世纪),希腊基督教哲学家、神学家。——译者注
③ 柏拉图(Plato,约公元前428—前348/347),希腊著名哲学家。——译者注
④ 古希腊神话中具有多种意义和职能的神,现在一般认为他主要是太阳神。——译者注

86. 在"动物园"听到的

对于一般人来说,在深入考虑某些简单的问题时抛开常规是多么困难。为了说明这点,我们来看看我们都很熟悉的十进制计数法。有把握地说,大多数人在这方面几乎没有什么考虑。他们看到任何数位都能加到9,而一旦超过9,就会向左边的数位进位。他们认为,之所以如此是因为必然如此,它不能不这样,就如同1加2不能不等于3一样。但这不符合事实。原始人最初是通过双手的手指学会计算的,正如我们看到许多人在今天的某些日常事务中还在利用他们的手指。十进制就是因此被采用的。如果我们人类如现在认为的那样是来自猴的Angwarribo科,而它们只有四个手指,我们也没有外加的手指的话,我们就会一直用所谓的八进制来计数。

从数学的观点可以证明,十进制并没有一些别的数制那样完美,在某种意义上说,只到7就进位的七进制更好。在那种计数法中,66就意味着六个7和六个1,再加上1它就变成100,而这只等于我们十进制中的49。

你们看,1和个位上的6相加变成7,因此我们写上0,把1转加到另一个6上,后者随之也变成了7,于是我们再写上0,把1转加到第三位上,这样就形成了100,它代表十进制数49。同样,222表示十进制数114——两个1、两个7和两个49。

假如八进制在我们四个手指的祖先Angwarribo的年代里是通行的计数法,那时它们只加到8,而对9或10一无所知,那么你将怎样写出1906年以便表示从公历元年以来已经过去的年数呢?这是一个有趣的问题,它将从你头脑中清除成见,并让你知道关于把一种数制变换为另一种数制的一些基本原理。

87. 从克朗代克①回来

伟大的数学家欧拉发现了解决所有类型的迷宫问题的法则,正如每一位优秀的趣题家所知道的那样,这一法则主要依靠从后面往前面倒过来进行。然而,上面这个题目是故意构造出来打乱欧拉的法则的。经过许多尝试,可能只有这才是唯一使他的法则失灵的题目。

如下页图,从中央的心形出发。向着八个方向中的任何一个方向沿直线走三步。这八个方向是:北、南、东、西,以及斜向的②——正如女士们所说的——东北、西北、东南、西南。当你沿着一条直线走了三步之后,你就到达一个方格,里面有一个数字,它指明了第二天的行程——向着八个方向中的任何一个方向沿直线走,方格中的数字就是要走过的方格数目。从那个新的起点出发,再按照那个数字的指示行进,以这样的方式继续,直至你来到一个方格,它的数字恰好能把你领到边界之外一步。那里你就到了森林外边,想喊什么就喊什么,因为你已经解决了这道趣题!

问题
questions

① 克朗代克是加拿大西北部一地名，1896年在此处发现金矿，引起淘金热；也指源于克朗代克的一种纸牌接龙游戏，暗喻这道题目像接龙中每一张可接上的牌依赖于被接的牌那样，每一天的行程依赖于前一天的行程。——译者注

② "斜向的"英文原文是bias，与"有偏心的"双关。——译者注

88. 趣题国的酒贩

我们当然都听说过这个问题:一个人带着一桶蜂蜜,遇见了一位顾客,他带着一个3夸脱和一个5夸脱的瓶子,要买4夸脱蜂蜜。

这是一个简单的问题,用这两个容器把蜂蜜倒来倒去,直至得到我们所需要的4夸脱。这是在锻炼你的智力,看你能不能在尽可能少的步骤内能完成这件事。

上面这道出名的题目,可以让你的大脑为我们现在这道倒来倒去的题目做好准备。一个酒贩有一桶苹果酒和一桶苹果汁(一桶的容量是 $31\frac{1}{2}$ 加仑),他能把苹果酒和苹果汁混合成他所谓的"山露"饮料。现在要问,他怎样才能卖给他的顾客价值21.06美元的山露?酒贩只有2加仑和4加仑这两只量桶可用,而顾客要求装满他的那只26加仑的小桶①。

首先要确定恰好值21.06美元的26加仑山露中,苹果汁和苹果酒的比例,然后看你能否找到最少的操作步骤以使酒贩按照所需要的数量灌满那只小桶。

---

① 苹果酒和苹果汁的价格已用英文示于图中:苹果酒每加仑85美分,苹果汁每加仑17美分。——译者注

89. 不和睦的邻居们

这个古怪的小题目是我最早的作品之一,发表在半个多世纪以前。我画下面这张画时还是一个9岁的男孩。

据说有三个邻居合住如图所示的一个小院,他们发生了争吵。大房子的主人抱怨邻居的鸡打扰了他,于是从他的门口到图中下方的大门修了一条封闭式的小路。此后,住在右边房子的人修了一条路通到左边的大门,住在左边房子的人修了一条路通到右边的大门。

这几条路互不相交。你能正确地画出这三条路吗?

90. 消失的数字

这位考古学家正在考察一道完整的长除法题目,它刻在一块砂岩砾石上。由于岩石的风化,大部分数字已经不清楚了。幸亏还有八个数字能看清楚,它们提供了足够的信息,使你能补出那些消失的数字。

看起来真的好像有许多正确答案,而且就我所知,关于这个题目,圆满的数字恢复只找到了一种。

91. 母鸡下蛋问题

图中的两只母鸡正在盘算着,要使每行(包括横、竖和斜线)中的鸡蛋不超过两只,它们能在这蛋格子里下多少蛋?在图中,已有两只蛋下好了,因而不能再在这条对角线上下蛋了。

92. 从因弗内斯到格拉斯哥

从因弗内斯到格拉斯哥的距离为189英里。有两个方案可以由我自由选择,要么乘坐观光火车绕圈子,要么坐老式马车在山路上颠簸。最后我还是选择了后者,因为坐马车要比坐火车节省12小时。这样一来,我就有可能草草地记下这次环球旅行中一个极其有趣的智力题了。

当火车从格拉斯哥开出时,我们的马车同时从因弗内斯出发,当我们在路上相遇时,该地点与因弗内斯的距离要比它与格拉斯哥的距离为大,相差的英里数正好等于我们已经花在路上的小时数。

试问:我们在路上遇到火车时,距离格拉斯哥还有多少路程?

93. 奥肖内西的家产

沉浸在即将老年得子的欢乐里,奥肖内西宣称,要把他家产的三分之二给他的"儿子",三分之一给孩子的母亲,但如果生下来的是女儿,那么,母亲得三分之二,而女儿只能得三分之一。

事态的发展出人意料,生下来的孩子竟是一男一女的双胞胎,为此必须给男孩、女孩及其母亲都分家当。此时此刻,奥肖内西手足无措,不知怎样才能实践他以前做出的承诺。

我们的读者,特别是对趣题深感兴趣的法律界朋友,能否助以一臂之力?

94. 越野赛跑问题

虽然下页图中那两个孩子朝着相反方向奔跑，但是他们的目标是相同的——尽快到达左上角处竖着美国国旗的地点。向右边跑的孩子，抵达桥梁后，要向左拐一个直角，跨过运河，然后沿着大道直奔目的地。向左跑的孩子，到达另一座桥梁（图中看不见）后，立即转一个锐角，越过田野，穿过牛群，直奔国旗。

向右跑的孩子要跑上250码再转弯，然后再跑600码才能到达挂旗的地点。如果这孩子打算就地来个向后转，然后走另一条路，他将发现要走的距离是完全一样的。这意味着向左跑的孩子在起跑时占得了便宜。如果他跑的速度同对手一样，则取得胜利将是轻而易举的。

题目要求算一算，两座桥之间的距离是多少？假定两个孩子现在是沿着直角三角形的底边向相反方向跑去，这条边的两个端点便是两座桥梁。左边的孩子抵达图中看不见的那座桥梁之后，沿着直角三角形的斜边向前跑去。

95. 双人自行车

三个男人打算采用骑双人自行车与步行的办法前往40英里远的某处。双人自行车最多只能坐两人,另一人只好步行。A 的行走速率为10分钟1英里,B 为15分钟1英里,而 C 则要用20分钟才能走完1英里。双人自行车的速率是每小时40英里,不管哪两个人坐在上面。假定他们利用最有效的办法,把骑车与步行巧妙地结合起来。试问:三人要完成这次短途旅行,至少要用多少时间?

96. 电线杆

有一天，我乘坐汽车外出旅行，走过一段竖立着许多电线杆的路，共 $3\frac{5}{8}$ 英里长。利用一只秒表，我发现每分钟经过的电线杆数目乘以 $3\frac{5}{8}$ 之后，恰好等于我旅行途中每小时经过的英里数。假定汽车是在做匀速运动，而电线杆是等间隔的。

试问：两根相邻电线杆之间的距离是多少？

萨姆·劳埃德的趣味数学题

97. 锯开棋盘

图中这位聪明的青年木匠收到一箱工具,这是别人送他的圣诞礼物。于是他马上动手来做一只漂亮的棋盘,准备送给拉斯克博士——国际象棋世界冠军。拉斯克博士既是一位伟大的数学家、趣题专家,又是象棋大师,但他能不能求出木匠制造棋盘时,最多能用多少块不同的木块?如果能做到这一点,他当然能够胜过咱们的趣题爱好者。

当然,每块木块必须由单位方格组成。

只含一个方格的木块有两种,即仅为一个白方格的木块和仅为一个黑方格的木块。

由两个方格形成的木块只有一种,即一个白方格接一个黑方格。

然而,由三个方格所形成的木块可以有四种——三个方格排成一列,中间那个为黑方格;三个方格排成一列,中间那个为白方格;中间是一个黑方格的弯折形;中间为一个白方格的弯

问 题 questions

折形。

倘若你能把棋盘分成块数最多的不同木块,你就能解决这道趣题了。

98. 隐匿的诗句

宫廷传令官汤米·里德尔斯要国王注意一只受过训练的奇妙蜜蜂,它竟会诵读诗句。你在图中可以看到,蜂窝的每个小六角形巢室里都有一个字母。如果这只蜜蜂从某个巢室开始,从一个巢室爬到与之相邻的另一个巢室,那么相应的字母就能拼出人们所熟悉的一首诗的开头两行①。你能否找出这条爬行的路线呢?

① 可以肯定地说,这首诗对于绝大多数中国人来说是不熟悉的。因此建议不必在这道题目上花费时间和精力,直接去书后翻看答案,当作一次欣赏吧。——译者注

99. "猫头鹰"号特快列车

"猫头鹰"号特快列车的机械师大吉姆说道:"离站后一小时,我们把机车头的一只汽缸放了汽,以原来速度的五分之三继续跑完这段旅程,这样一来就使我们到达下一车站的时间误了两小时。如果再驶过50英里以后放汽,那么列车就会比现在早到40分钟。"

这两个车站之间的距离是多少?

100. 老板有多大年纪

"我活到现在这么多年,其中六分之一是在乡下老家过的童年,"老板说,"十二分之一花在纽约的酒类生意上,七分之五投入政界并忙于结婚。这样就生下了吉米。四年前他被选为市参议员,当时他的年龄只有我现在年龄的一半。"

老板有多大年纪了?

101. 配电盘问题

在外出旅行的路上,有趣的妙题也会随时出现。为了说明此点,我要举出一个小小的问题,有人曾要求我加以解决。有一次,我遇到一位电工,他做了一个类似配电盘的东西,打算找出一种最经济的办法,用一根上等的铜线接通所有的接点。配电盘是他煞费苦心做出来的,布满了数百个接点,但是,我想64个接点已足以说明问题了,因此上面的附图中只画出了8×8的一小部分。

题目要求算出始于 B 点,通过所有 64 个小方格的中心点,最后接到 A 点的电线的最短长度,每个小方格的边长为 1 英寸,而两个相邻小方格中心点的距离等于 3 英寸。每当电线改变方向时,必须在小方格的角上绕一圈,而这道工序要消耗 2 英寸电线。不准沿对角线进行连接。

假定 B 点与最近的小方格中心点连接时要耗用电线 2 英寸,你能不能算出从 B 到 A 的最短接线长度?

102. 零头布问题

下图中这位女士正在向人展示一块奇形怪状的布料,她想把它裁剪成三块,然后拼成一个正方形。

这块布料上的三角形部分也可以呈另外两种形式,如下图左上角所示。题目依然一样,要求把布料裁成三块后再拼成一个正方形。

103. 分苹果

8个孩子分32只苹果,分法如下:安妮得到1只苹果,梅2只,珍妮3只,凯蒂4只,男孩内德·史密斯得到的苹果和他妹妹一样多,汤姆·布朗拿到的是他妹妹的2倍,比尔·琼斯分得的苹果是他妹妹的3倍,杰克·罗宾逊得到的是自己妹妹的4倍。

请说出那4个女孩的姓。

104. 递减的动力

著名的法国司机德·福埃·格拉斯提到,他有一次驾车出去旅行,他的汽车在前两小时走了135英里,后两小时走了104英里。假定在这四小时中,车子的动力在均匀减少,以致车速在每小时都减少同等数量。试问:车子在每个小时各行走了多少英里?

105. 妈妈的黑莓酱问题

哈伯德太太想出了一个聪明办法,可以一望而知黑莓酱用去了多少,还剩下多少。

如图所示,她把盛黑莓酱的瓶子分别放在碗橱里的上、中、下三层,使每层架子上的黑莓酱都是20夸脱。这些瓶子共分三种规格,容量不同。

试问:每种规格的瓶子里,各盛放着多少黑莓酱?

萨姆·劳埃德的趣味数学题

106. 海滩广场上的杂技表演

在这张抢拍下来的科尼艾兰①旅游景点的照片中,有一个男孩为了得到10美元的奖赏,企图爬到油腻的电线杆顶端。已知有轨电车轨道的宽度为4英尺8英寸,我们的趣题爱好者能不能较好地估计出电线杆的高度?

① 美国纽约市一著名游乐场所。原为一海岛,因水道淤塞与大陆连接,成为长岛的一部分。——译者注

107. 普通股

昌西在董事会上说:"先生们,根据公路营运的实际收益,我们要支付的股息是全部股份的6%,但是有4 000 000美元的优先股我们必须支付7.5%的股息,所以我们对普通股只能支付5%的股息了。"

试问:普通股的价值是多少?

108. 这套衣服卖了多少钱

一位经商有道的老板对他小儿子说:"约翰尼,我的孩子,一笔好生意,不在于我们买进货物时要花多少钱,而在于我们能把它们卖得一个好价钱。我从这套刚刚卖出去的精品衣服中赚到了 10% 的利润,但如果我用比原来进价低 10% 的价钱买进,而以赚 20% 利润的价格卖出,那么我就要少卖 25 美分。现在要问你:这套衣服我卖了多少钱?"

109. 零料利用问题

基督教圣公会执事怀特夫人买了一块亚麻油毡,店家白送给她一小块三角形零料。通过她老伴的帮助,夫人打算加以重新裁剪,以便做成一块较大的正方形油毡。要想办成这件事,只要把图中的正方形剪成三块,而把三角形剪成两块。干了这件事,你将学到一般学校里不讲的几何知识。

110. 通向数学的捷径

小丑贝波正在对托勒密国王作出解释,如何将图中的四边形分成五部分,用它们来完成六道有趣的智力题。现在请你在一张硬纸板上画一个这样的图形,把它们剪成五块,再试一试你能否用它们来拼出下图右边椭圆中所指出的图形。

前五个图形已用缩小的黑影图表示在下图右上角。在拼出六个图形的无论哪一个时,五块纸板必须全部用上去。

1. 正方形
2. 希腊十字架
3. 菱形
4. 长方形
5. 直角三角形
6. 原来的四边形

111. 奇数圈套

请你的朋友写出5个奇数数码,使它们的和等于14。奇怪的是,初看起来如此简单的题目,竟会使大多数人如此大伤脑筋,花费如此多的时间。

你得当心,我说的是"数码",而不是"数"。

112. 红酒与谋杀

从前,当字谜十分流行时,许多人绞尽脑汁,去构造一些顺读和倒读都相同的单词和句子。它们就是众所周知的"回文"。

这样的单词有许多,例如 level、eve、gig 等,它们无论从哪个方向读都一样。但目的更在于造出回文句子,例如很出名的,亚当对夏娃的欢迎词,"Madam, I'm Adam",以及句子"Name no one man"等。回文的历史非常悠久,在经常为人引用的拉丁文与法文箴言中也有着一些经典的例子。

下页的插图是我早年为一个提倡戒酒的社团所设计的回文趣题,它可以测试我们的青年爱好者的技巧与耐心。

题目是要求确定读出回文戒酒警句"Red Rum & Murder"(红酒与谋杀)的不同方式究竟有多少种。当然你点数时必须保持头脑清醒,不要喝多了酒糊里糊涂。

读的时候,可以从边上或内部的任何一个 R 开始,向上、向

下、向左、向右,甚至可以沿着斜的方向去读下一个相邻的字母,以拼出这个短语。

153

113.《英国史》问题

当我还是一个孩子的时候,有人送我一部九卷头的巨著,那就是休谟①的《英国史》,随之而来的还有他的许诺:只要我读一读这些书,他就会再送我一些其他礼物,例如玩具枪炮、小马之类的。应当承认,我对英国历史的知识就是再读整整两图书馆的书也嫌不够。然而我发现用这些笨重的砖头书倒可以编出一些有趣的问题。

例如我发现,如果把这九卷大书像下图中所画的那样,放在书橱的两层中,就能得出这个 $\frac{6729}{13458}$ 分数,而它正好等于 $\frac{1}{2}$。

现在我问你:是否有可能找到其他的排列法,但是必须把这九卷大书全部用上去,使之产生的分数相当于 $\frac{1}{3}$、$\frac{1}{4}$、$\frac{1}{5}$、$\frac{1}{6}$、$\frac{1}{7}$、$\frac{1}{8}$ 与 $\frac{1}{9}$?

① 休谟(David Hume,1711—1776),英国哲学家、历史学家和经济学家。——译者注

114. 正方形遮窗板问题

木匠有一块正好为81平方英寸的木板,突出的一角是一个小正方形,每边长1英寸,同它相连的一个中正方形,其面积是16平方英寸,这个中正方形又同64平方英寸的大正方形相连接。大、中、小三者合计,面积正好是81平方英寸。木匠现在打算把它做成一个9×9的正方形遮窗板。

试问:木匠应怎样来锯木板以拼出正方形,当然要求锯出的块数为最少。

115. 火柴问题

哈里给他妹妹九根火柴,要她作出一种排法使它们看起来像个十。小姑娘不甘示弱,反过来给她哥哥六根火柴,要他拼出一个看上去一无所有的图形。这两个简单的把戏算不上什么数学趣题,但它们会让那些可能不熟悉其中原理的年轻人得到乐趣。

116. 两只手表

我在同一时间开了两只手表,后来发现有一只手表每小时要慢 2 分钟,而另一只手表每小时要快 1 分钟。我再次去看表时,发现走得快的那一只表要比走得慢的那只表整整超前了 1 小时。试问:手表已经走了多少时间?

117. 猪圈问题

有人时常问我,智力趣题是怎样产生的,是灵机一动计上心来,还是长期和紧张思考的产物?在回答这种问题时,我总是说,和其他发明创造一样,两者兼而有之。但是,题目的主要构思往往是在某个偶然的机会中产生的。

为了阐明这一观点,让我讲个故事。有一个夏日,我骑着自行车到郊外去旅行,遇到了一位性情和善的爱尔兰人。他的苹果园和清澈的泉水,使得他那小小的棚屋成了疲乏的自行车朝圣者的一个真正的"麦加"圣地①。主人有很独特的个性,说起俏皮话来舌头不打滚,谁都会甘拜下风,我们中间很少有人能在智慧上胜过他。

我对他说,我们同他也许很有缘分,因为大家都是要依靠pen②来谋生的。这时他一本正经地问我:为什么爱尔兰人总喜欢在自己住房的窗下建造猪圈?在我列举了各种各样的解释之后,他以一种神秘兮兮的附耳低语(但是这种声音在一二千米以外还能听到)说道:"造在那里,目的是要把猪圈住呗!"他要求我不要把这个理由转告其他人,以免被他们耻笑。在回家途中,当大家想起爱尔兰人的这个"机密"时,从自行车上

摔倒下来的人不止一个。

所发生的这一切使我设计出了下面的怪题:设想这位爱尔兰人有 21 头猪,他想把它们圈在一个矩形的猪圈中,并想在这猪圈内部用篱笆隔成 4 个猪圈,使每个猪圈里都有着偶数对猪再加上一头猪。试问:这种猪圈如何造法?

① 麦加,沙特阿拉伯西部城市,伊斯兰教创始人穆罕默德的诞生地和伊斯兰教的发源地。城中心为禁寺,寺内有渗渗泉,寺院中央是著名的天房克尔白。公元 623 年克尔白被定为穆斯林礼拜方向后,该城即成为世界穆斯林朝拜中心。——译者注

② 这里的 pen 是双关语,它有两个意思,一是"笔",一是"猪圈"。——译者注

118. 圣诞火鸡

火鸡咯咯地叫，引逗得快乐的圣诞老人在田野里追赶。他们的脚印留在雪地里，你可以看到他们是从图的右侧进入，绕了几圈之后才到达他们目前的位置。现在要求我们的年轻人仔细地察看一下，能不能发现（从数学观点来看）图上有什么奇异的事物，如果你找到了它，那么请你给出一个合理的解释。因为，我们当然假定画家并没有把图画错。

119. 渡轮问题

两艘渡轮在同一时刻驶离哈得孙河的两岸,一艘从纽约驶往泽西,另一艘从泽西开往纽约,其中一艘开得比另一艘快些,因此它们在距较近的岸720码处相遇。

到达预定地点后,每艘船要停留10分钟,以便让乘客上下船,然后它们又返航。这两艘渡轮在距另一岸400码处重新相遇。试问:哈得孙河有多宽?

这个问题表明,那些只会照数学陈规办事的人竟会在一个如此简单,只需一点点初等算术的小问题上碰壁。这道题尽管连小孩子都能理解,可是我敢打赌,在我们最精明的生意人中,百分之九十九的人用一个星期都解不出来。究竟原因何在?全在于有些人不是根据常识,而是按照刻板的规则来学习数学!

120. 暹罗国王想露一手

作为王室侍从的汤米·里德尔斯宣称,暹罗国王(他向伊妮格玛公主大献殷勤,企图求婚)以他们的国旗为题出了一道趣题:要求把该国国旗裁成块数最少的几块,以便经过重新拼装之后,白象的位置处于旗帜的中心。

在第二道趣题中,伊妮格玛公主想通过她心爱的果园的平面图,测试一下这位贵不可言的皇家求婚者的智力。图中共有8棵苹果树与8棵梨树,已分别用苹果、梨子来表示,问题要求从任意一棵梨树开始,尽可能画出一条最短路线,它必须经过全部16棵树,最后到达公主正指着的鸡心。写在果子上的数字只是为了供求婚者清楚地表达出答案之用。

你能否找出一条路线,比暹罗国王所找到的更短?

121. 一个时间问题

正如下图所示,大多数珠宝店挂在门外的时钟上,指针总是指在8点20分左右。假定时针和分针与6点标志的距离正好相等,试问:准确地说,这只假钟上,现在是几点几分几秒?

122. 搬家的日子

下图中这对夫妻刚刚搬进一套六居室的舒适新居。他们有五件大家具：床、桌子、沙发、冰箱和写字台。这些家具如此之大，竟无法使两件家具同时放进任何一个房间。不巧，家具搬运工又把冰箱和床搬错了房间。现在，户主与他的贤妻已经花了几个小时，想找到一个有效的方案把这两大件家具对调。

户主办事很有条理，他在桌上画出了一张住宅平面图，并用五样小东西来代表要搬动位置的大家具，分别放在各个小方格内。威士忌酒瓶代表床，板刷代表冰箱。要求你对调这两样小东西的位置，但每次只能有一样东西搬进空房间。

当然，完成这道题目也许有一千零一种办法，但应记住本杰明·富兰克林[①]的名言："三次搬家等于一场大火。"因此必须用尽可能少的搬动来完成这项任务。

[①] 本杰明·富兰克林（Benjamin Franklin，1706—1790），著名美国政治家和科学家。美国独立战争时期参加反英斗争，并参与起草《独立宣言》。后出使法国，缔结法美同盟。在科学上，在研究大气电现象方面做出贡献，发明避雷针。——译者注

123. 瑞士姑娘做国旗

图中这位漂亮的瑞士姑娘是解决几何图形剪拼问题的好手，她已经发现了一种巧妙办法，能将她右手拿的一块大红墙纸剪成两部分，做成一面瑞士国旗。

你看见姑娘左手拿的这面国旗，旗子中央的白色十字架实际上是一个空洞，当然，我们要求剪的时候，必须顺着画在纸上的直线。

第二个问题：瑞士姑娘还要求你把她左手拿着的国旗剪成两块，拼成一个5×6的长方形。

有人向这位瑞士姑娘请教怎样去做一个马耳他十字架，她答道，"拉拉它的尾巴吧！"[1]

---

[1] 马耳他十字架是另一种图形，显然这是节外生枝的问题，所以瑞士姑娘才用俏皮话来回答提问人，原书也没有给出答案。——译者注

124. 登月问题

研究月亮上的事物有着一种不可抗拒的魅力！19世纪中叶,臭名昭著的"月亮骗局"[①]跳出来蒙骗公众时,似乎人们对涉及月亮的一切事情都会相信。这一骗局的基础是所谓的一架神奇望远镜,它有着不可思议的威力。公众轻信报道,让骗子们居然恬不知耻地大肆描写月球居民以及他们的奇妙居住环境。尽管这类报道荒诞不经,成千上万的人还是相信它们是事实。

关于月球上事物的一些推测来自许多作家。譬如说,阿里奥斯托[②]在其长诗《疯狂的罗兰》(*Orlando Furioso*)中,写到一位骑士阿斯托尔福到月亮上去探险,而他在"失物谷"的所见所闻竟然

问 题
questions

使许多读者信以为真。西拉诺③的月球航行可以说是一大文艺杰作。至于儒勒·凡尔纳④所写的月球旅行,更是月球故事中最为精彩动人的篇章。

埃德加·爱伦·坡⑤也写过一篇小说,讲到一位名叫斯皮尔伍德的博学的教授策划并实现了乘气球登月旅行。我的这幅图即取自那时出版的一本书。气球连接在一只由钢丝绕成的球上,钢丝粗为 1 英寸的一百分之一。假定钢丝球的直径为 2 英尺,再假定钢丝球缠绕得异常紧密,一丝一毫的空隙都没有。我们的趣题爱好者能说出钢丝的总长度吗?

在答案中,我将告诉你们,不用圆周率 π 也可做出本题。

---

① 1835 年 8 月,一个名叫洛克(R.A.Locke)的记者在纽约《太阳报》上报道说,著名英国天文学家约翰·赫歇耳(John Herschel,1792—1871)曾发现月球上有人和动物居住,引起轰动。——译者注
② 阿里奥斯托(Ludovico Ariosto,1474—1553),意大利文艺复兴时期的重要诗人。——译者注
③ 西拉诺(Savinien Cyrano de Bergerac,1619—1655),法国士兵和作家,曾写下多篇幻想探险小说。——译者注
④ 儒勒·凡尔纳(Jules Verne,1828—1905),著名法国作家,现代科幻小说的重要奠基人。主要科幻作品有《海底两万里》《从地球到月球》等。——译者注
⑤ 埃德加·爱伦·坡(Edgar Allan Poe,1809—1849),著名美国诗人、小说家和文艺评论家。他关于乘气球登月的小说有《汉斯·普法尔》(Hans Pfaall)。——译者注

125. 逆风而行

一个骑自行车的人在顺风行驶时，每 3 分钟可走 1 英里，但在返回途中逆风而行，要 4 分钟才走 1 英里。假定他始终用同样的力气蹬自行车。

试问：在无风的情况下，他走 1 英里要花费多少时间？

126. "躲猫猫"小姐的畜栏

根据鹅妈妈的指示,为"躲猫猫"小姐造羊圈的木匠发现,如果把畜栏造成正方形而不是长方形的话,可以节省两根桩子。

他说:"无论哪一种办法,羊圈所关的羊的头数是相同的。但正方形的羊圈可以做到每根柱子上缚一头羊。"

试问:这里有几头羊?

当然,无论是哪一种情况,都假定桩子之间要相隔同样的距离,正方形羊圈与长方形羊圈面积相等,而且所关的羊的头数小于36。

127. 伦敦塔问题

宫廷传令官汤米·里德尔斯正在向国王帕兹尔佩特讲著名的伦敦塔问题。在塔的平面图上分别用大写英文字母 A、B、C、D、E 表示五名看守人。枪声一响,意味着太阳已经下山,看守人 A 就得从出口处 A 走出去,B 要跑到出口处 B,C 要到出口处 C,D 要到出口处 D,而 E 则从他目前所处的小间跑到 F 小间。

本题要求求出五名看守者的行进路线,但这些路线绝对不准相交。换句话说,任何一个小间都不允许有一条以上路线穿过。每个看守人从一小间到另一小间都必须经过图上所示的

门户。汤米说,当你充分理解了题意之后,这道趣题其实不难。

汤米还有第二道趣题,比上面所说的更好。每天午夜,伦敦塔的那位看守人要进入门上标有 W 记号的房间,然后踏着庄严而沉重的脚步去查夜,他必须穿越 64 个房间的每一间,最后到达那间黑色房间。根据古老的传说,国王爱德华四世的几位年轻王子就是在这"黑屋"中被谋害的[①]。经过长期反复的实践,看守人已经发现了一条路线,任何一个房间都不必经过两次,而且拐弯次数最少。

我们的趣题爱好者能找出这条路线吗?

---

① 这些王子据说被其叔父理查三世所害。当年亦有电影《黑屋》描述此事,曾经轰动一时。——译者注

128. 钻石窃贼

大仲马①在一篇描写一桩离奇偷盗案件的小说里，提到过一个首饰匠。此人曾偷过许多贵夫人的珍贵宝石，他的办法是用赝品冒充或者改变宝石的位置，即使是少了几颗宝石也叫你难以察觉。

为了说明这个恶棍的卑劣行径，让我们看一看下图中那枚镶有25颗钻石的古代别针。持有这件无价之宝的贵妇人平日里总喜欢点数别针上的钻石，从上往下数到中央，然后向左、向右和向下数下去，这三种情况下的答数都是13。

这位贵妇人之所以犯错误，不仅在于她相信那个首饰匠会把她的别针修好，还在于她无意中透露了点数钻石的方式。交还首饰时，首饰匠彬彬有礼地当面点给她看。岁月流逝，贵妇人依旧像往常一样，用这三种方式点数他的钻石，每回的答数都是13。她丝毫不觉有异，但别针上两颗最好的钻石还是被偷走了。

试问：这个狡猾的骗子用什么手法改变钻石的排列以掩盖他的罪行？

---

① 大仲马（Alexandre Dumas père，1802—1870），著名法国作家。作品有《基度山伯爵》和《三个火枪手》等。——译者注

129. 十字架与新月

看来难以置信，但确有可能把下图中的新月形剪成六块，然后重新组装成一个完整的希腊十字架。后者的样子请参看女神头上的饰物。在重组十字架时，有一块必须翻过身来。

（注意连接新月形两个端点的那根直线，还有，组成新月的两条弧是同样大小的圆的圆弧。——马丁·加德纳）

130. 旋转木马问题

萨米得意洋洋地坐在飞快旋转的木马上,向大家提出一个问题:

"坐在我前面的孩子人数的 $\frac{1}{3}$,加上坐在我后面的孩子人数的 $\frac{3}{4}$,就等于坐在木马上玩耍的孩子总数。"

试问:有多少孩子坐在旋转木马上?

131. 电工问题

最近县里要召开一次政治会议,请一位电工在会议厅后壁安装电铃,它应连接到前门门框旁边的一只按钮上,以便会务组人员提醒那些冗长的演说家,要他们尽快把话讲完。

安装此种设备需要多少长的电线,这在工作人员中间引起一番争议,最后这个问题落到了我的头上。

图中的会议厅长30英尺,宽和高各12英尺,电工应从后壁中心线上距天花板3英尺处的电铃拉出一条电线,接到前墙中心线上离地板3英尺处的门外按钮。可以沿着墙壁、地板和天花板布线。

题目要求算出铺设电线的最短路线,装按钮处的墙壁厚度可以忽略不计。

132. 旧题新解

几乎每一本趣题集都收入这样一个木工问题,它要求将圆台面变成两个中间带孔的椭圆形凳面,如下图所示。要求锯出的块数越少越好。

一般趣题书上给出的答案是要锯成八块。锯圆台面的方法和两个凳面的做法可以参照右下角的小图。

按照我们最近发现的巧妙办法,在采用中国的太极图之后,这道题目只要把圆台面锯成六块就行了。

这里提出的问题,形式上是颠倒过来了。要求你把两个椭圆形的凳面各自锯成三部分,并将锯下的六块木板拼出一个没有洞的圆台面。

133. 一块砖的质量

假使一块砖同3/4块砖再加上3/4磅正好在天平上取得平衡。试问:一块砖的质量是多少?

134. 瓜分战利品问题

三个小女孩一共采集到770颗栗子,她们打算如往常那样,根据她们年龄的大小按比例进行分配。以往,当玛丽拿4颗栗子时,尼莉拿3颗;而每当玛丽得到6颗时,苏茜可以拿7颗。

试问:每个女孩可以分到多少颗栗子?

135. 守财奴的问题

下图中那个守财奴情愿活活饿死,也不肯花钱。他收藏着一批5元、10元、20元的金币。他把它们藏在五个一模一样的袋子里,各只袋子里所放的5元金币数目相等,10元金币的数目相等,20元金币的数目也相等。

这守财奴平日里最喜欢私下一个个地点数自己的财产。他将所有的金币倒在桌上,把它们分成四堆,使同种面额的金币在各堆中数目完全相等。随后,他随意选出两堆,把这两堆金币混起来,然后重新分成一模一样的三堆,其要求同前面所述的一样。现在不难猜出这可怜的老头至少拥有多少金币了。

136. 小贩皮特

小贩皮特的账目混乱得一塌糊涂，这都归咎于一个古怪老太婆的奇特购货行为。她先是买了几副鞋带，接着她又买了等于鞋带副数4倍的针线包，最后又买了等于鞋带副数8倍的手帕。她一共花费了3.24美元，买进每件东西所花的美分数正巧等于她买进这种东西的件数。现在皮特想要知道这位老太婆究竟买了多少块手帕。

137. 比蒂的年龄

比蒂对自己的年龄非常敏感。40年前,当人们问她来到人间已有多少年时,她总是一成不变地背诵下面的诗句作为回答:

五乘七加七乘三,
加上我的年龄,
此数比我年龄的两倍减二十
还大六乘九加四。

当比蒂第一次背诵这首诗时,她无疑是说得很准的。可是你能说出她现在的年龄是多大吗?

萨姆·劳埃德的趣味数学题

138. 分牲口

美国西部有一位大牧场主自知上了年纪,有一天,他把儿子们召集在一起,并告诉他们,要在他有生之年,趁早把牲口分给他们。

他对大儿子说:"约翰,你认为你能饲养多少头奶牛,你就拿走多少。你的妻子南希可以取走剩下奶牛的九分之一。"

他又对第二个儿子说:"萨姆,你除可拿走同约翰一样多的奶牛外,还可多得一头,因为约翰有了先挑的机会。至于你的好妻子萨莉,我要把剩下奶牛的九分之一给她。"

对第三个儿子,他说了同上面类似的话,他可拿到的奶牛将比次子多一头,而其妻将拿到剩下奶牛的九分之一。同样的话也适用于他的其他儿子:每人拿到的奶牛数比其年龄稍大的兄长所得的奶牛数多出一头,而每个儿子的老婆拿到余下来的奶牛的九分之一。

当最小的儿子拿走了奶牛之后,已经没有什么牛剩下来给他的妻子了。于是大牧场主说道:"马的价值是奶牛的两倍,我

现在愿意把我们所有的七匹马按如下的原则分配:使每个家庭都分到同样价值的牲口。"

试问:大牧场主共有多少头奶牛?他有几个儿子?

139. 结账问题

这里有一个初等的账目问题,对任何一个略懂盈亏原理的人是不会有什么困难的。我之所以要把它提出来,是因为确有其事,而且当事人要我做出裁决。由于各方观点不同,所以它确能为我提供一个资本运作方面的趣题。

新罕布什尔州的一个镇明令控制酒类销售,为此镇政府指定了一位代理人,任期一年,在此期间,镇上唯有他有权出售酒类。镇政府给了他12美元现金和一些酒,这些酒按批发价算是59.50美元。年底结账时,账簿上显示这位代理人又进了批发价达283.50美元的货。他的总销售额达到285.80美元,他从中提取5%,以此代替薪俸。

右图中显示了这名代理人同镇政府官员们正在进行年终盘点。图中每件商品的标价都是零售价格。问题是:要求说出镇政府方面在酒类销售中究竟赚了多少钱。这当然取决于代

理人为获取利润而在批发价基础上增加了多少百分比以形成销售价。

萨姆·劳埃德的趣味数学题

140. 古罗马的铁十字勋章

据说,有一天,恺撒·奥古斯都①驾着战车出巡,看到一个独臂的老兵泰特斯·利维乌斯正在向人乞讨。恺撒就停下来问他,为什么不去接受十字勋章的荣誉,为什么不去申请荣誉军人抚恤金。

"伟大的恺撒啊!"老兵答道:"我位卑职小,只是一个微不足道的士兵,当然被人家忽视了。"

恺撒从他自己胸前拿下了勋章,把它放在老兵身上。"如果你失去双臂的话,你将会是一枚新勋章的领受者。"

听到了这句话,老兵猛地拔出了他的宝剑,毫不迟疑地一剑下去,把他的另一条手臂也斩断了!

我们不想对他的这种惊心动魄的壮举做出进一步评论②,而只是对他胸前佩戴的圣·安德鲁斯十字架感兴趣。

现在的问题是:怎样把这枚十字勋章分割成最少块数,然后拼成一个正方形?

---

① 恺撒·奥古斯都(Caesar Augustus,公元前63—公元14),原名盖尤斯·屋大维努斯,又译屋大维,古罗马帝国第一代皇帝。——译者注
② 同样,我们也不想对这位老兵怎样用他的独臂持剑斩断他的独臂予以细究。——译者注

141. 卖牛奶问题

诚实的约翰说道:"牛奶方面的事情,再难也难不倒我。"可是有一天,他却被两位妇人难倒了。她们请求他在一只5夸脱和一只4夸脱的小桶中,各倒入2夸脱牛奶。而约翰这时只有两只罐子,每只装满牛奶后正好10加仑。他用什么办法可以让两个妇人各得2夸脱的牛奶呢?

这个戏法很正宗也很直接,不玩弄什么欺骗性的伎俩。在把牛奶倒进倒出时,只准用两只罐子和两个小桶,不准使用其他容器。

解决这个问题,当然需要一些想象力,还有聪明才智。

142. 趣题国的姜饼问题

上图中那老板娘指着一块已划成许多小方块（每块卖 1 美分）的大姜饼，对孩子们说："只许沿线切割，你们能不能把这姜饼切成两块，然后拼出一个 8×8 的正方形？"

（劳埃德接下去讲他的第二个问题，但由于讲得不完整，搞不清楚题目的确切意思。在他的《大全》的后面也不见答案，所以没有办法从答案重建问题。我的猜想是萨姆·劳埃德要求读者把姜饼沿着纵、横线切成尽可能大的一模一样（大小和形状完全相同）的两块。无论怎么说，它都是一道十分有趣的题目。我们可以假定，如果切下来的两块饼中的一块可以翻个身，则它们形状完全一样，即可以完全重合。——马丁·加德纳）

143. 收割者的问题

技师与普通工人们虽然没有多少数学知识,却往往能通过实践,用经验方法解决一些相当困难的问题,我要请一些喜欢解决难题的朋友注意下述这两位农民处理事务的好办法。

得克萨斯州有位农场主拥有很多土地,他自己种不了,打算将某一块土地的一半出租给一位邻居耕种。这块地有2000码长,1000码宽,但由于有一条瘠土横穿其中,所以他们决定围绕这块地的周边划出一条环带状土地以得出总面积的二分之一,而不是从中间对半分开。

我认为,我们的解题朋友对求出这块带状土地的宽度将不会有多大的困难吧。这儿有一条简单的规则能适用于一切矩形土地。

萨姆·劳埃德的趣味数学题

144. 玛丽的年龄

作为我的著名趣题"安妮的年龄"的姐妹篇，我们提出下面的问题。顺便也向玛丽表示歉意，她在人们就她妹妹的年龄而掀起的一场争论中受到冷落。

"你们看，"老大爷说，"玛丽同安妮的年龄合起来是 44 岁。玛丽的年龄是安妮过去某一时刻年龄的两倍，那时玛丽的年龄是安妮将来某一时刻年龄的一半，到将来那一时刻，安妮的年龄将是玛丽过去当她的年龄是安妮年龄的三倍时的年龄的三倍。"

玛丽现在几岁了？

145. 疲乏的威利

疲乏的威利是一位流动打工者,他已在快乐镇待了很久,现在正预备换地方,前往开心堡去干活。与此同时,风尘仆仆的罗兹正好从开心堡启程,同他相向而行。两人在路上相遇,紧紧握手问好,在此地点,威利已比罗兹多走了18英里。双方握手话别以后,又经过$13\frac{1}{2}$小时,威利到达了目的地开心堡,而风尘仆仆的罗兹却用了24小时才走到快乐镇。

假定他们都以匀速前进。试问:从开心堡到快乐镇有多远?

146. 在马戏团的"动物园"里

小哈利真会精打细算,在没有打听清楚以前,他不会轻易掏钱去购买马戏团的入场券。在上图中,他正在仔细盘问看门人:马戏团里究竟有多少匹马?有多少名骑师?还有多少其他动物。

外面琳琅满目的广告与帐篷里为数不多的观众形成了鲜明对照,这使管理员感到相当难堪,于是他佯装不知精确数字,只是解释道:除了马和骑师两者共有100只脚、36个头之外,还有一些来自非洲丛林的动物。这样一来,总共就有56个头和156只脚了。

我们想请读者算一算这个马戏团里的马和骑师的数目。还要请你告诉我们:图中左边的笼子里,是什么东西吸引着人们驻足观看,好像这里正在表演着马戏团里最受欢迎的动物节目。

147. 老爷爷的古钟问题

有一首关于"老爷爷的古钟"的歌谣广为流传。其中说到:"这座钟实在太高,无法放上搁板,就在地板上放了九十年"。这座钟有一个致命的缺陷,就是当分针越过时针之际,就会立刻停止摆动。随着岁月的流逝,这位老爷爷的神经越来越脆弱。有一天,当分针与时针又一次重叠时,钟停了下来,老爷爷再也受不了,倒在地上死去了。

有人把这座停摆的古钟照片给我看,钟上坐着一位象征时间的女神。我灵感顿生:既然知道分针与时针重合在一起,那么从图中所示的秒针位置就能准确地说出古钟停摆的时间。

148. 波卡亨特小姐的年龄

农场主史密斯和他老婆每隔一年半就生一个孩子,他们一共生了15个孩子。

大女儿波卡亨特说,她的年龄是这窝孩子中最小的小约翰船长的8倍。

试求波卡亨特小姐的年龄。

149. 鸡蛋的价钱

"我买鸡蛋时,付给杂货店老板 12 美分,"一位厨师说道,"但是由于嫌它们太小,我又叫他无偿地添加了 2 只鸡蛋给我。这样一来,每打(12只)鸡蛋的价钱就比当初的要价降低了 1 美分。"

厨师买了多少只鸡蛋?

150. 趣题国里懂数学的牛奶商

下图中那个卖牛奶的人告诉两个小学生："这儿的一个钢桶里盛着纯净的矿泉水；另一个钢桶里盛着牛奶，由于乳脂含量过高，必需用水稀释，才能饮用。现在我把 A 桶里的液体倒入 B 桶，使其中液体的体积翻了一番，然后我又把 B 桶里的液体倒进 A 桶，使 A 桶内的液体体积翻番。最后，我又将 A 桶中的液体倒进 B 桶中，使 B 桶中液体的体积翻番。此时我发现每个桶里盛有同量的液体，而在 B 桶中，水要比牛奶多出 1 加仑。现在要问你们，开始时有多少水和牛奶，而在结束时，每个桶里又有多少水和牛奶？"

151. 谁将获得提名

每届总统选举我都要为竞选设计一些智力游戏,畅销全国。右图是我为1908年总统选举设计的礼品,曾引起轰动。

棋盘上的每个人都是总统提名候选人,必须拿走八人,只剩一人在中央格子上。此事要求用最少步数去完成。所谓"一步",意思是指:(1)将一个候选人或上或下,或左或右,或者斜向,走到相邻的格子中去;(2)像跳棋那样,或上或下,或左或右,或者斜向,跳过紧邻的一个人进入一个空格,被跳过去的那个人必须从棋盘上拿走。你可用纽扣或硬币来代替这九个人。

下面是一个十步解法:(1)费尔邦斯跳过拉福莱特;(2)塔夫脱跳过休斯;(3)约翰逊跳过诺克斯;(4)塔夫脱跳过约翰逊;(5)坎农跳过塔夫脱;(6)凯农跳过格雷;(7)费尔邦斯跳过坎农;(8)布赖恩跳过费尔邦斯;(9)布赖恩向右下方斜走一格;(10)布赖恩走到中央格子。你能不能用更少的步数解决本题?

152. 鹅与蛋

将左图中的鹅分割成三块,以拼出形状与大小如右图所示的鹅蛋。

153. 拆开链条

一位农夫有6段链条,每段5节,如下图所示。他想用它们连接成一条由30个节组成的环形链条。

假定割开一个节要花8美分,而重新焊接起来要18美分,但花1.5美元就可以买到一条新的环形链条。

如果农夫采用最节约的方案,那么同买一条新链条相比,他可以省下多少钱?

154. 林肯的横杆趣题

图中少年问林肯先生用这 12 根横杆能围出多少土地,林肯先生答道:"这需要看横杆有多少长度。"

假定每根横杆的长度是 16 英尺,试问:用 12 根横杆能围成最大的土地面积是多少?若横杆围出正方形的形状,则能围出的土地面积为 2304 平方英尺,但当然可以干得更加好些。

155. 新星

这道怪题是根据一位法国天文学家最近做出的断言而构思的,这位天文学家发现了一颗新的一等星。他宣称,在科学家中流行的那种认为不会再有这类一等星的观念,完全是基于一位聪明的小趣题家的发现:组成"astronomers"(天文学家们)一词的各个字母,恰好能重新排列成"no more stars"(不会再有星星)。我们可以说,用这同样的11个字母还能排列出更妙的词儿。

下图表示这位博学的教授在向他的天文学家同行们描述他的新发现。他画出了15颗不同星等的星星的位置,现在正要指出他所发现的那颗新星在天空中的位置。

你能不能在这图中画出一颗五角星,它至少要像图中已有的其他星星那般大,而且又不碰到那些星星?

萨姆·劳埃德的趣味数学题

156. 玉米地里的乌鸦

一位知名的鸟类学家在描述鸟的习性和它们的灵性时提及了他曾目睹一群觅食的乌鸦袭击了一片玉米地,并且按既定的战术在玉米地各就各位。每只乌鸦都被设置得像是军队的警戒哨,以便在每个时刻都能一眼就看到每一个同伴,并且看来用它们的动作保持着一种无声的密码信号联络,使得整个群体都能知道是否有任何正在接近的威胁。

我不想去调查乌鸦的无线电报的秘密,我只抓住这个机会表明,这位杰出的鸟类学家的话启发我想出了关于岗哨布置技巧的一个有趣的问题。

取64个点,如同8×8的棋盘中的方格那样,把它们当做图中所描绘的种着玉米的小土堆。这道趣题是要把8只乌鸦放在这些点上而没有两只乌鸦处在同一行同一列或同一条与对角线平行的线(包括对角线本身)上;并使得那个拿着枪围着这块地转的人发现自己不可能一枪打中在一直线上的3只鸟。

这道趣题同我那个出名的问题十分接近,那个问题是说,把8个后放在国际象棋棋盘上,使得它们没有一个能被另一个攻击。但是这道趣题有所改进。完成这道题目的要求只有一种方式,而那个国际象棋问题则有12个不同的答案。

157. 中国的趣题

如图所示,那副紧紧夹着这个不幸的犯人的头和手腕的枷,是用一块正方形的木板分成两块做成的。同所有的数学问题一样,这道题目可以用两种方式提出,就是说,可以要求把一个正方形分成两块做成一副枷,也可以要求把这副枷分成两半再拼到一起变成一个正方形。

取一张标准正方形的纸,不要有任何浪费,把它剪成两块,再拼到一起形成一副长方形的枷,像图上那样,带有为犯人的头和手腕留出的孔。拼成枷的这两块总是能被还原为一个标准的正方形,那三个孔将被合上。这里有一个有趣的鬼把戏,与在所示的准确位置上做孔的技巧有关。

158. 在古希腊时代

最近在希腊进行的考古发掘工作使一批奇异的古代遗迹重见天日。在查看这些遗迹的照片时,我被反复出现的那种由圆和三角形组成的符号吸引住了。我不想参与讨论如何解释这个符号,对此已有许多饱学之士写出了长篇累牍的文章,我只是提请人们注意它在数学方面或趣题方面的美妙特征,这种特征往往作为这类出土文物上的图案的一部分而出现。

这个符号附在纪念碑的碑文上,多少具有印章或签名的性质。有趣的是,我发现这个符号可以一笔画出,任何线条都不重复画过两次以上。不过,如果我们采取那种更为一般的允许同一线条可以随意重复画过的画法,只是要求用尽可能少的转折一笔画出这个图形,它无疑就成为这类趣题中迄今最好的一道趣题。

159. 轿子趣题

"说到中国的交通工具,"一位在这个"花之国"生活了大半生的作家说,"你很快就能习惯坐在轿子里被人抬着,它比马车舒服得多,也快得多。这些轿子是用藤条做的,能使你联想到那些用染了颜色的草做的中国小魔盒,它们被巧妙地合在一起,你没法发现它们的连接处在哪里。"

下雨时,这些轿子就关上,变成一个有盖的箱子,而且最严格的检查也不会发觉连接处在哪里。所有这些引出了一道巧妙的趣题。

请你把下图那顶轿子分成尽可能少的块数,再拼成一个完整的正方形。

160. 失踪的便士

这里是一个以"科文特加登问题"而著称的趣题,它在半个世纪以前出现在伦敦时,还有一种令人意外的说法,说它使英国最优秀的数学家都感到迷惑不解。之后,这个问题不断以种种形式出现,通常带着它使欧洲的数学家们感到困惑的相同说法,所有这些说法一定是经过了添油加醋。我们的美国学者会发现,揭开这个秘密没有多大困难,所以我觉得只能把它作为一个附加的练习题介绍给我们的青少年趣题家。

这个题目是说,有两个女商贩在市场上卖苹果。当时其中一位史密斯太太因为这样那样的原因(这一定是使数学家们感到困惑的真正秘密)被叫走了。她请另一位卖苹果的女商贩琼斯太太替她卖掉剩下的苹果。

现在的情况是,她们俩的苹果的个数一样多,不过琼斯太太的苹果大一些,价格是1便士两个,而史密斯太太的苹果卖1便士三个。琼斯太太在接受了替她朋友卖掉存货的任务之后,希望做到非常公正,她把所有苹果混在一起,以五个苹果2便士的价格出售。

  第二天当史密斯太太来到市场上的时候,苹果都已经卖完了,但是当她们开始分配收入的时候,她们发现恰恰短缺了7便士。正是这个差额在那么长的时间里导致了数学家们的心理失衡。

  假设她们平分这些钱,各获一半,这个问题就是要说出琼斯太太由于她倒霉的伙伴而究竟损失了多少钱。

萨姆·劳埃德的趣味数学题

161. 金砖趣题

这个趣题说明,一个人在购买金砖的时候是多么容易上当。下页图中的大正方形表示一块金砖,是一个农民刚从那个戴大礼帽的陌生人那里购买的。它的各条边都被平均分成24段。

如果这个正方形的边长是24英寸,那么它就有24×24即576平方英寸的面积。从一个角到另一个角画一条对角线①。沿着这条线把正方形切开,然后把上边那块沿着斜面向上移动一格。这时如果我们把右边突出的小三角形A剪下,就可以把它补到左上角用B标出的三角形空白处。

现在我们拼成了一个长方形,它宽23英寸,高25英寸。然而23乘以25只有575平方英寸!那失踪的1平方英寸哪儿去了?

据说欧几里得②写的最后一卷著作充分讨论了像这样的几何谬误——巧妙地暗藏有隐蔽错误的一些问题和趣题。不幸的是这卷著作失传了,否则它一定是这位作者的最重要的著作之一。

THE GOLD BRICK PUZZLE

① 准确地说,是从左上角向右一格到右下角之间画一条斜线,见插图。——译者注
② 欧几里得(Euclid,约公元前330—前275),古希腊著名数学家,以其《几何原本》而闻名。——译者注

162. 女修道院问题

马拉德塔山女修道院的修女问题几乎出现在所有的趣题集子里，但题目十分幼稚，而且答案太差，不能满足解题者的期望。

我记得，在许多年前我第一次看到那个答案时非常失望，我还想起附注中说这个问题源自西班牙，取材于许多世纪前发生的一件事。最近我得到了一些很古老的西班牙历史资料，我发现其中的一份简单地提到了马拉德塔山的女修道院。它位于比利牛斯山脉①的最高峰马拉德塔山上。这里曾经被法国侵略者所占领，最后侵略者被打败，经由那著名的山口逃走，那山口是一百多年间的兵家必争之地。

然而，同这个趣题直接有关的内容是出现在这样一段文字中："许多修女被'法兰克'士兵②劫走，无疑由此产生了大家熟悉的马拉德塔山女修道院的修女问题。"

这道趣题没有给出任何解释，而流行的版本根据不同的理解可以有两种解答。因此我冒昧地提出一种形式，它既保持了这个问题的精髓，同时又排除了许多别的答案。

这个女修道院如图所示，是一座方形的三层建筑物，上半部的每一面都有六扇窗。很明显地能看出，上边每一层有8个房间，这符合这个古老的故事的要求。据传说，上面两层用作卧室。顶层每个房间的床较多，它容纳的居住者是第二层的两倍。

女修道院的院长遵循着创办人提出的老规矩，坚持主张对居住者必须这样安排：每个房间都要有人住；顶层的人数必须

是第二层的两倍,并且修道院四面的每一面6个房间必须总是一共住11个修女。这个问题只同上面两层楼有关,所以底层完全不必考虑。

现在发生的情况是,在法国军队被迫从比利牛斯山口撤退以后,人们发现9位最年轻、最漂亮的修女失踪了。人们始终相信,她们是被士兵们劫走的。然而,为了不使女修道院院长伤心,那些知情的修女们发现,有可能通过聪明的手法,即改变房间的居住者来隐瞒这件事。

因此,修女们设法自己做了调整,使得院长来巡夜时,每个房间都看到有人住;修道院四面每一面的房间都总共住了11个人;顶层的人数是第二层的两倍,而修女确实失踪了9个。那么修道院究竟有多少修女?她们的房间是怎样安排的?

这道趣题的价值在于问题的条件似乎自相矛盾,它首先给我们以绝对不可能的印象。然而,当人们知道存在那么一个答案时,它是如此容易地被趣题的实验方法所解决,以致我们的趣题家将发现他们上了一堂有趣而有启发的课。

---

① 比利牛斯山脉是西班牙和法国的界山。——译者注
② 法兰克人是古代日耳曼民族的一支,统治的地区包括今法国在内,公元5世纪曾入侵包括今西班牙在内的西罗马帝国。——译者注

163. 拼布床单趣题

图中画的是"自愿者"协会的会员正用漂亮的拼布床单作为礼物向仁慈的教区牧师表示热爱和尊敬。每一位会员都献出了一块正方形的拼布，每块拼布由一个或多个小正方形组成。

对每一位女士来说，如果她献的那块拼布被改裁了或者遗漏了，那就意味着她被除名了。因此，怎样把那些大大小小的方块拼接成一块大的正方形床单，就成了一项重要的学问。顺便提一下，可以注意到，因为每位会员都献出了拼布床单中的一块正方形，所以只要你看出这块床单至少能分成多少个正方形，你就可以知道至少有多少会员。这是一个简单的问题，是显示机智和耐性的好机会。

164. 祖父的问题

这是一个古老的问题,它流传了一代又一代,没有人能轻率地对公认的答案表示怀疑。然而,最近波士顿的一位年轻趣题家的祖父向他提出了这个古老的经典问题,他做出了出人意料的回答,令他的祖父无话可说。

许多人都经常被问过这样的问题:72 份 12 磅重的羽毛和 6 份 12 磅重的黄金这两者在质量上的差是多少。他们都毫不犹豫地做了回答。"天底下一磅就是一磅,"他们说,"72 个 12 就是 864,6 个 12 就是 72,得到的差是 792 磅。"

但是,如果非常严肃地把这个问题再问一遍,让你对它再进行充分的思考,你会发现,从它在 1614 年第一次被提出以来,确实一直没有得到过正确的回答。

165. 木匠的问题

学几何的学生在这里会发现一个有趣的初等问题,它最好是用实验的方法解决,虽然有一个能得到正确答案的科学法则,该法则和著名的欧几里得第47命题①十分接近。这个木匠有一块4英尺长2英尺宽的缺了一个角的木板。这个问题是要把这块木板分成最少的块数,以便没有浪费地把它们拼在一起,最后完整地做成这张桌子的正方形桌面,如图所示。

在这个特别的例子中,缺掉的那一块是被以15度角锯掉的一个角,但是当你解决了这个问题的时候,你会发现,即使这个角比这里所示的更大一些或更小一些,分割的步骤也将是完全一样的。

① 即勾股定理。——译者注

166. 乘法和加法

图中的教师正在给他的班级讲解这个值得注意的事实:2 乘以 2 得到的答案与 2 加 2 相同。

虽然 2 是具有这种特征的唯一的数①,但还存在着许多由不同的数组成的数字对能代入黑板上右边等式中的 a 和 b。你能找到这样的数字对吗?当然它们也可能是分数,但是它们的乘积必须同它们的和刚好相等。

① 事实上 0 也具有这种特征。——译者注

167. 狗头姜饼

这里是一个日常生活中简单的分割问题,它经过精心设计,用来难住我们的一些趣题家。你看,图德尔斯得到了一件礼物,那是一块狗头形状的姜饼,要求她必须同她的小弟弟平分。她非常希望把这件事做得公平合理,她想找到某种办法把这块饼分成形状和大小相同的两块。

我们聪明的趣题家中有多少人能帮助她,说出这个狗头可以怎样分?

168. 令人困惑的天平

图中的文字：

既然天平现在是平衡的，

在这种情况下也是平衡的，

那么需要多少颗弹子才能和那个陀螺平衡？

169. 兵法

许多人都记得由温菲尔德·斯科特将军[1]对陆军部长斯坦顿[2]说的那一番不寻常的话所引起的轰动,他说:"尽管我们有20名指挥官都能指挥一个师的士兵开进一个公园,但他们中却没有人完全知道让士兵再出来的兵法!"这番话被看作是对我们所谓节日阅兵部队的严厉批评。

我以前就知道斯科特将军是一位老练的国际象棋棋手,现在我又想起一件事,我曾经编了一个奇妙的国际象棋趣题,打算一旦有机会就送给他,这道题说的就是派部队进出公园的兵法的。

这道题并不需要国际象棋的知识,因为它是一道纯粹而简单的趣题;但是为了便于说明,请允许我把这个公园变成类似于棋盘的方格。请指出怎样才能从1号门进入,走过所有的方格,穿过凯旋门,再从2号门出来,尽可能转最少的弯。每一步都必须像国际象棋中的车那样走,而且每个方格只能经过一次。

问　题
questions

在纸上画一个8×8一共64个方格的图,然后以所示的两个门作为起点和终点,试着用铅笔划过每一个方格,并要通过拱门。可以肯定地说,在得出最短路径的答案之前,你一定作了数次尝试。答案很有趣,你答对以后就能体会到。

① 温菲尔德·斯科特(Winfield Scott,1786—1866),19世纪的美国著名将领。——译者注
② 斯坦顿(Edwin M. Stanton,1814—1869),美国林肯总统时代的陆军部长。——译者注

170. 计算选票

这里有一个简单而有趣的问题，它出现在最近的选举中。一共有5219张选票，要投给4位候选人。结果获胜者比他的对手们分别多得22张、30张和73张选票，但他们之中没有一个人知道各自所获选票的确切数字。

你能否给出一个简单的法则来得出所需要的数字？

171. 隐藏的星

你能找出图中一颗标准的五角星吗?

172. 柯尼斯堡桥的问题

这是一道奇特的趣题,有趣的不仅仅是因为它所包含的一般原则,还因为它的古老和同它有关的奇妙的历史。柯尼斯堡是普鲁士的第二首都,它被普雷盖尔河分成四个部分,其中包括内福夫岛,如插图中的地图所示。有八座桥连接着这个城市的不同部分。还有一个同这些桥有关的问题,该问题在两百多年前极大地困扰了柯尼斯堡善良的市民们。

散步,包括逛这些桥,一直是年轻人的一种乐趣和消遣。根据过去的记载,不知怎么地出现了关于把这些桥都走一遍需要多长时间的问题。这引出了令人吃惊的断言:走遍这些桥——每座桥都只走一次——是不可能的。

作为一个历史事实,一个年轻人的委员会在1735年访问了数学家伦哈德·欧拉,请他解决这个热点问题。一年以后,欧拉向圣彼得堡科学院提交了一份长篇报告,在报告中他声称证明了这个问题的不可解性。该报告发表在1741年的科学院报告第8卷上,还曾被知名的数学家们用法语和英语发表过,因为它提出了适用于任意数目的桥的一个原则。

英国剑桥大学三一学院的W. 劳斯·鲍尔(W. Rouse Ball)教授在他的伟大著作《数学游戏》(*Mathematical Recreations*)中讨论了这个问题的由来和价值,但他错误地把它说成是由欧拉

在1736年最先提出来的,而且提出了一种奇怪的说法,即根据贝德克尔出版的导游指南,那里过去是现在仍然是七座桥。最早的记录是说八座桥,我们的地图是根据贝德克尔的指南精确描绘的,他特别提到是八座桥。欧拉在1735年还很年轻,在这之后将近50年他才成为一位有名的数学家,所以他有可能陷入了从某些无法做出结果的地方出发的错误。

  这个题目完全不要求回到出发点。它只是说明这样一个事实:从这个城市的某个地点出发不重复地通过所有的桥而到达另一地点是可能的。现在要求读者说出:有多少种不同的走法可以做到这一点?哪种走法路径最短?

173. 赫克莱彗星的轨道

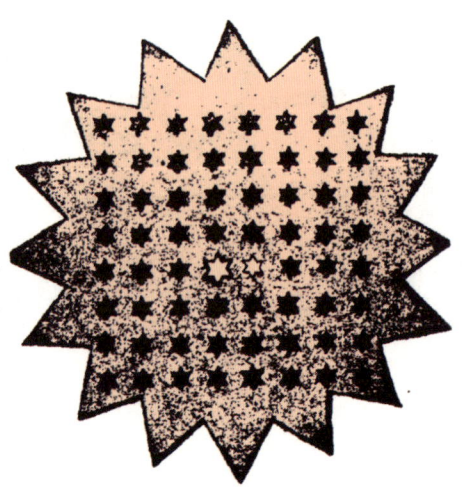

这道趣题是为了说明赫克莱彗星那飘忽不定的轨道而设计的。彗星从那颗小的白星出发，摧毁了星座中全部62颗黑星，最后使那颗大的白星爆炸，从而结束了它的"旅程"。请从那颗小的白星出发，然后用最少的相连的线段画过每一颗黑星，最终止于那颗大的白星。

174. 投入战斗

插图上表现的是一名信号兵正在升起战斗旗,考虑到那些不熟悉海军信号旗的人,这串旗帜可以作这样的解释:它相当于美西战争期间一句著名的战斗口号——"牢记缅因号[①]!"那位指挥官正在制定计划,他打算攻击敌方的炮艇舰队,并尽可能迅速地消灭他们。

从这艘大战列舰所在的地点开始,划出一条通过63艘小艇并回到出发点的连续线,用我们在趣题中的说法,用尽可能少的"直行"步数[②]。

[①] 缅因号是一艘美国战舰,1898年2月在哈瓦那港口被炸沉,后来美国以此为由向西班牙宣战,美西战争爆发。——译者注

[②] 每一条直线段算作一步,相当于尽可能少转弯。——译者注

175. 赛马会上的有奖趣题

这个趣题出自一个叫做"金马掌"的童话故事。这个故事说的是怎样用两刀把一个金制的马蹄铁切成七块,使得每块都只有一个钉孔;然后用丝带把这七块马蹄铁作为吉祥物挂在七个孩子的脖子上。

假定第一刀以后,切开的马蹄铁可以叠起来切第二刀,但是必须沿直线切,而且如果用马蹄铁形状的纸来代表马蹄铁的话,那这纸不能折叠或弯曲。我最近在一次赛马会上把这个趣题出给一个聪明的小骑手。他做了一个纸马蹄铁,第一刀把它切成三块;然后把它们叠在一起,第二刀切成了六块。然而,窍门在于怎样得到第七块。虽然这实际上是一个简单的趣题,但拿去作一番研究也是够有意思的。

你按照要求解出这个趣题以后,请你再试试第二个更难的问题。用两刀最多能切成多少块?条件和上面一样,只是钉孔可以不必考虑。

答案 Answers

★答案1

这个题目中有24个起点和同样数目的终点,基于这一点,许多优秀的数学家在试图解这个题的时候犯了个错误。他们推出,24的平方即576应该是正确的答案。他们没有想到,到达中心即C的不同线路准确地说有252种,而再回到边上的W的线路也是同样多,正确的答案是252的平方——63 504条不同的线路。

★答案2

第一张图说明四个壮小伙子的拉力正好等于五个胖姑娘的拉力。第二张图说明两个瘦姑娘与一个壮小伙子加上两个胖姑娘相抵,因此我们马上就把第三张图中的两个瘦姑娘换成与她们在拉力上等同的人来简化问题,即换成一个壮小伙子和两个胖姑娘。

通过这个变换,现在我们在第三张图中是五个胖姑娘和一个壮小伙子对一个胖姑娘和四个壮小伙子。然后从一边去掉五个胖姑娘,从另一边去掉四个壮小伙子,因为从第一张图可知这两组的力量是相等的。这样在右边就只剩下一个胖姑娘来对付左边的一个小伙子,由此得出,在第三张图中,左边的队将获得胜利,因为他们比对方多出一个小伙子力量的五分之一。

★ 答案 3

着迷于排列之奥秘的数学家和趣题家们已经算出,用四枚硬币和那枚鹰形坠能组成不少于92 160种不同的式样,其中没有两种是一样的。

显然,那枚大的硬币能以五个孔中的任何一个与表或其他部件相连,又能以两面中的任何一面对着你,这样就有了10种可能的变化。由于那枚5分硬币可以有8种变化,因此仅仅这两枚硬币就有80种组合,这个数字乘以那枚1分硬币的6种变化,再乘以那枚1角硬币的4种变化和那枚鹰形坠的2种变化就能算出:按照硬币外形大小顺序排列,就有3 840种变化。由于变动这些硬币的顺序有24种不同的排列,3 840乘以24得到92 160,这就是这个问题的正确答案。

★ 答案 4

6个人中没有一个人拿到他自己帽子的概率是265/720。

(这个答案可如下得出。n顶帽子被随意拿取而没有一个人拿到他自己帽子的方式的种数是:

$$n!\left(1-\frac{1}{1!}+\frac{1}{2!}-\frac{1}{3!}+\frac{1}{4!}-\cdots\pm\frac{1}{n!}\right)$$

用这除以n的阶乘（拿帽子的方式的总种数）就给出了答案。随着n的增加，答案越来越接近极限1/e，这便提供了求超越数e的一种奇妙的经验方法。见W.劳斯·鲍尔的《数学游戏》最新版本第46页上对这个问题的分析，以及对类似问题的应用，包括两副洗过的扑克牌之间的配对问题。——马丁·加德纳）

★答案 5

这段对话发生在上午9:36，因为从午夜到这时的四分之一是2小时24分，加上从这时到午夜的时间的一半（7小时12分），就得到9:36。

麦圭尔向克兰西问早安，从这件事可以看出他们的对话发生在上午。如果不考虑这一点，也可以设想时间是在下午，那么下午7:12同样是一个正确的答案。

★答案 6

每个耳环的钻石是5克拉，每个值2500美元，两个一共值5000美元。两颗不同大小的钻石分别是1克拉（值100美元）和7克拉（值4900美元），它们一共也是值5000美元。

★ 答案 7

史密斯一定是开始时有99.98元，花掉的和剩下的都是49.99元。

★ 答案 8

这三个新娘婚后的名字是基蒂·布朗、内莉·琼斯和明妮·鲁宾逊。基蒂重122磅，内莉重132磅，明妮重142磅。

★ 答案 9

那位最优秀的台球手声称，因为他胜了4号球手，所以他没有输。但是4号因为胜了3号，他说他不能为这局付钱，而3号坚持说，他同2号合作胜了1号，所以根据约定，他不能被说成是输者。

还有其他的说法，展示了不同的论据。因为4号是自由加入的，他不受任何私下协议的约束；所以，当他打入四球而有人只打入两球时，他可以戴上帽子穿上外套回家了。而1号必须信守他的允诺，因此，当他打入五球而他的对手们打入六球时，本来该由3号承担的失败就转给了1号，他应付这局的钱。

然而对这件事还有另一种看法，似乎要推翻以上的认定。按照那个特殊的约定，3号和2号联合同1号对抗，但是因为1号胜了4号，他被免除了所有义务。因为2号、3号和4号按照的是平等的标准，没有其他任何约定，因此3号输了。

（这个问题没有明确的答案，显然这是一个语义学问题。第四位台球手一加入这一局，对所有台球手来说就必须为"输者"这个词的意义做出某种预先的约定。因为他们没有做出这样的约定，这个词在这种情况下就没有明确的意义。然而就像那个"猎人以松鼠为中心转了一圈，同时松鼠面对猎人在原地转了一圈，问猎人是否绕着它转了一圈"的老问题一样，劳埃德的台球问题可能会引起有趣的争论。——马丁·加德纳）

★ **答案 10**

这个目标可以用如下19步完成：上到第一级，再回到地面，以下步骤是1,2,3,2,3,4,5,4,5,6,7,6,7,8,9,8,9。

★ **答案 11**

其他19个团将因在人数上多于第五团而相继被送上前线，而棋手和他的团里的1 370人被留下。然后还需要

18周,每周增加30人,使得这个团超过1 900人,现在它可是人数最多的团了。因此,正确的答案是37周,人数1 900人。

★ **答案 12**

在这本来是中国的文字转换趣题中,他们用的是由12个字组成的一个句子,因为在中文里,每个字用一个特别的符号表示。现在,在这个趣题的美国化表达方式中,这个句子必须被翻译或表达成一个由12个字母组成的词,一个滑块一个字母。

几乎没有一个答题者能抓住我关于存在一个特殊的适当的词的暗示,也没有人从汉语的解释中抓住"辫子"。那个幸运的词是interpreting(解释),用铁路上的话说,它不用任何"车辆调度",就能用12步完成转换[①]。

★ **答案 13**

那位老实的送奶人在2号罐里装了5加仑牛奶,在1号罐里装了11加仑水。进行完所述的过程后,结果是第一个罐里有6加仑水和2加仑牛奶,第二个罐里有5加仑水和3

[①] 在interpreting一词恰好可以从交叉点上的"i"开始,每个字母依次各移动一次,就能顺利地完成转换。——译者注

加仑牛奶。

★答案 14

琼斯夫人是史密斯的女儿、布朗的外甥女,所以只有4个人。拿出100美元,用了92美元,每个人分到2美元。

★答案 15

这个卖鸡的趣题,对任何一位农夫来说都很清楚,一头牛值25只鸡,一匹马值60只鸡。他们必定是已经换到了5匹马和7头牛,值475只鸡。因为他们还能正好换7头牛,所以他们手头还有175只鸡。这样一共就是650只鸡。

★答案 16

这个在巴泽兹湾猎鸭的问题只要改变两只野鸭的位置就能解决,如图。这样就成连出五条直线,每条线上四只,还有一只鸭的位置改变到格罗弗的狩猎袋里去了。

★ 答案 17

三块12英寸见方的餐巾能覆盖$15\frac{1}{4}$英寸见方的方桌。把一块餐巾沿着桌子的一个角盖住,另两块就很容易盖住其余部分。

★ 答案 18

5枚2美分的邮票,50枚1美分的,8枚5美分的,正好是1美元。

★ 答案 19

三个"对子"是:两次25环,两次20环,两次3环。

★ 答案 20

玛丽·安是那生病的孩子的母亲。

★ 答案 21

★ 答案 22

一个正方体的边长是17.299英寸,另一个正方体的边长是25.469英寸,二者的体积加起来(21 697.794 418 608立方英寸)恰好等于22个边长为9.954英寸的正方体的体积之和。因此绿茶和红茶的比例一定是17299^3比25469^3。

★ 答案 23

每个城镇都能走到而不重复的唯一可能的路线,顺序如下:从费城到15,22,18,14,3,8,4,10,19,16,11,5,9,2,7,13,17,21,20,6,12,再到伊利。

★ 答案 24

欧几里得说过:"如果同一圆周上的两根弦在该圆内相交,则其中一根弦的两部分之乘积同另一根弦的两部分之乘积相等。"在下图中,水面形成一段弧的弦,因为这根弦的两部分都是21英寸,所以乘积就是441。

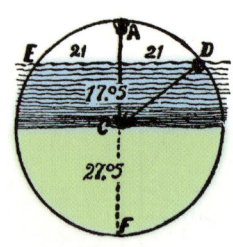

睡莲的茎干形成与其相交的另一根弦，它在水面以上的高度形成这根弦的一部分，这部分即 10 英寸，乘以另一部分，结果一定与另一根弦的两部分相乘所得的 441 相同。因此我们用 10 除 441，得到 44.1 英寸，即这根弦的另一部分。把 10 和 44.1 相加，得到从 A 到 F 这根弦总的长度 54.1 英寸，这是这个圆的直径。我们必须把它减半，得到半径 27.05 英寸。但是这株花有 10 英寸是在水面以上，因此必须再减去 10 英寸，最后得到湖的深度——17.05 英寸。

★ 答案 25

海尔特林花 1 先令买了 1 头小猪，她的丈夫，必定是科尔内留斯，他以每头 8 先令的价格买了 8 头猪。卡特伦以每头 9 先令的价格买了 9 头猪，而她的丈夫克拉斯以每头 12 先令的价格买了 12 头猪。安娜以每头 31 先令的价格买了 31 头猪，而她的先生亨德里克以 32 先令一头的价格买了 32 头猪。

★ 答案 26

这道趣题（如果你愿意的话，不妨可以说这个游戏）的有趣之处在于，"男人"永远不可能抓住"公鸡"，"女人"也永远不可能抓住"母鸡"，因为就像在国际象棋或西洋跳棋中所说的那样，公鸡总是比男人"领先一步"。同样，女人也永远不可能"吃掉"母鸡。但如果他们换过来，男人追母鸡，女人追公鸡，这两只鸡就很容易被抓住！一只鸡能在第8步被抓住，另一只在第9步被抓住。

★ **答案 27**

有一个简单的、常识性的获取答案的方法，它不同于其他可能的解法。按照这种反推解题法，我的分析将从最后一次付款入手："最后一次付的1000美元是多少钱的105%？"把1000美元除以105%得到952.3809美元，该钱款加上5%的利息就是最后一次付款的数字。

再反推一步到前一次付款，我们问1952.3809美元应当是多少钱的105%。再除以105%，我们得到1859.4103美元。加上再前一次付的1000美元，除以105%，我们得到再前一次的2723.2479美元。再加上1000美元就成了3723.2479美元，再除一次就往回推到3534.9503美元。再加一次1000美元，再除一次，就得出4329.4764美元，这就是买方首先付了1000美元之后产生出利息的本金。这样，5329.4764美元就是这处房产在卖出时的实际价格，因为这笔钱加上它所产生的5%利息，恰好同按协议分6次付款每次1000美元的结果一致。

★答案 28

在这个年轻速记员薪金的问题中,她第一年比老板的方案多得12.50美元,但在这之后,就逐步受损失。一些趣题家错误地在每6个月之末把每次的提薪额一股脑儿加上去,殊不知薪金的每次增加是以年薪提高25美元为基准的,也就是每6个月只增加12.50美元。每年提高100美元,在5年中给这位雇员的当然是600美元加700美元加800美元加900美元加1000美元,等于4000美元。而这位雇员按照她自己的方案,将损失437.50美元,计算如下:

		年薪标准(美元)
第一个6个月 ……………	300.00	600
第二个6个月 ……………	312.50	625
第三个6个月 ……………	325.00	650
第四个6个月 ……………	337.50	675
第五个6个月 ……………	350.00	700
第六个6个月 ……………	362.50	725
第七个6个月 ……………	375.00	750
第八个6个月 ……………	387.50	775
第九个6个月 ……………	400.00	800
第十个6个月 ……………	412.50	825
	3562.50	

★答案 29

奥图尔太太重135磅，婴儿重25磅，狗重10磅。

★答案 30

解决这个问题最好的办法基于以下事实，即圆的面积同它们直径的平方成正比关系。如果我们在磨石最初那么大的圆中作一个内接正方形$ABCD$，再在这个正方形中作内切圆E，那么它的面积恰好是大圆面积的一半。

我们要把磨石的圆孔面积的一半加到圆E上。为此我们在圆孔中作一个内接正方形，并在这个正方形中作一个内切圆。因此这个小圆的面积是圆孔面积的一半。我们把这个小圆放在G点，使得它的直径成为一个直角三角形的一条直角边，这个三角形的另一条直角边是圆E的直径。那么三角形的斜边HI就是一个圆的直径，这个圆的面积相当于圆E和在G的小圆二者的面积之和。用虚线表示的这个圆①，相当于磨石用了一半以后的大小。它的直径可以计算如下：

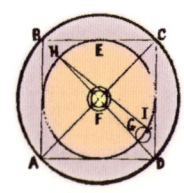

① 虚线圆应略大于圆E，因原图较小，图上显得似与圆E重合。——译者注

圆 E 的直径与图中最大的正方形的边长相等。已知这个正方形的对角线长 22 英寸，我们得出正方形的边长即圆 E 的直径都是 242 的平方根。用同样的方法，可以得出最小的那个圆的直径是 $\frac{242}{49}$ 的平方根。

虚线圆的直径的平方等于上述两段直径的平方和。因此我们把 242 和 $\frac{242}{49}$ 相加得到 $\frac{12100}{49}$，它的平方根是 $\frac{110}{7}$ 即 $15\frac{5}{7}$。这就是虚线圆的直径的英寸数，也就是这个问题的准确的答案。

★答案 31

在这道趣题中，必须算上牧场上的草每天的生长量。我们被告知，牛吃的和羊加上鹅吃的一样多，因此，如果牛和羊在 45 天里吃完原有的和 45 天里长出来的草，那么显然两只羊和一只鹅吃完这些草要花同样长的时间。由于一只羊和一只鹅要用这段时间的两倍吃完，我们看到，一只羊吃完原有的草要花 90 天，而这只鹅吃的速度正好跟上草的生长。因此，如果原有的草每天牛吃 1/60，羊吃 1/90，它们在一起每天吃 1/36。这样，牛和羊用 36 天吃完原有的草，而同时鹅专门吃掉每天长出来的草。

★ **答案 32**

有3条海蛇是全瞎的,3条是双眼正常的。

★ **答案 33**

(劳埃德没有给出他对这个题目的解答。他说,大部分趣题书给出的是52步的解法,然而这个题目实际上可以在47步之内解出。英国趣题家杜德尼在给劳埃德的一封信中把步数缩减到了46步。关于杜德尼绝妙的对称解法,见劳斯·鲍尔的《数学游戏和随笔》(Mathematical Recreations and Essays)一书最新版125页①。——马丁·加德纳)

---

① 杜德尼的46步解法如下。用字母将棋盘上的方格如图标出,并用"*"号表示空格。

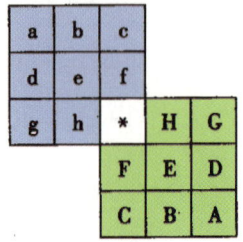

各棋子按其移动的先后顺序排列如下:
Hhg*Ffc*CBHh*GDFfehbag*GABHEFfdg*Hhbc*CFf*GHh*
其中"*"号表示空格被一棋子占据而它本身被移到该棋子原先占据的方格。注意该序列除掉最后一个"*"号后,以第四个"*"号(第23步)呈左右对称,只不过小写字母与相应的大写字母对应,大写字母与相应的小写字母对应。这就是所谓"对称解法"。——译者注

答 案
answers

★ 答案 34

如果把赔率变成概率值,我们会发现,河马跑第一的概率是1/3[①],犀牛跑第一的概率是2/5。因为它们三者获胜的概率相加一定是1,所以我们断定长颈鹿跑第一的概率是4/15,或者说对它的赔率是4赔11。

第二个问题的答案是,长颈鹿将超过河马23/64英里。假设长颈鹿1小时跑2英里,那么犀牛在同样时间里能跑 $1\frac{7}{8}$ 英里,或者说16/15小时跑2英里。而当犀牛跑这2英里的同时,河马能跑 $1\frac{3}{4}$ 英里,或者说它1小时跑105/64英里。2英里等于128/64英里,我们只要从中减去105/64就能得到答案。当然,如果我们对长颈鹿设定其他的速度,答案也将是相同的。

★ 答案 35

三角形的第一段走了80分钟,第二段90分钟,最后一段160分钟,总共用的时间是 $5\frac{1}{2}$ 小时。

[①] 由于假设赌博是公正的,因此从统计的观点看,赌博公司赢得和赔出的钱平均起来应该是零。设 x 为河马跑第一的概率,设 y 为河马没有跑到第一的概率,则根据1赔2的赔率,应该有 $y-2x=0$。另外,显然有 $x+y=1$。所以, $x=\frac{1}{3}$, $y=\frac{2}{3}$ 。其他的情况可类推。——译者注

（这可以用代数方法解决，把航程平均分为12段，用 x 代表走完开始4段的时间，x 加10代表走完中间4段的时间，y 代表走完最后4段的时间。我们的已知条件（用分钟表示）使我们能建立下面两个方程式，然后就不难求出 x 和 y 的值。

$$\frac{x}{4} + x + 10 + y = 270,$$

$$\frac{y}{4} + x + 10 + x = 210,$$

——马丁·加德纳）

★ **答案 36**

这块奶酪1刀能切成2块，第2刀4块，第3刀8块，第4刀15块，第5刀26块，第6刀42块。

（这些数字表明了一个凸体每次连续切割所能得到的最大块数。从这个级数不难推出下面的三次方公式，它表达了最大块数同切的刀数（n）之间的函数关系：

$$\frac{n^3 + 5n}{6} + 1 = 块数$$

——马丁·加德纳）

★答案 37

（劳埃德的答案利用了问题中给出的两个时间段，然而正如牙买加金斯敦的罗纳德 C. 里德指出的，这些时间段对于解这个问题并不真正需要。设 x 是（在比克斯利和皮克斯利之间）问第一个问题的地点，y 是（在皮克斯利和奎克斯利之间）问第二个问题的地点。我们已被告知，从 x 到 y 的距离是 7 英里。因为从 x 到皮克斯利的距离是比克斯利和皮克斯利之间距离的 2/3，从 y 到皮克斯利的距离是皮克斯利和奎克斯利之间距离的 2/3，所以 x 和 y 之间的距离，即 7 英里，是总距离的 2/3。这样就得出总距离是 $10\frac{1}{2}$ 英里。——马丁·加德纳）

★答案 38

那只大火鸡重 16 磅，小的重 4 磅。

★答案 39

哈罗德的 13 个士兵方阵，每一个是每边 180 人的正方形，一共有 421 200 人。加上哈罗德就成了 421 201 人，这可以排成每边 649 人的一个大的正方形。

（这个题目是从英国趣题专家亨利·杜德尼那里借鉴

来的,劳埃德作了很大的改动,使得它更容易,在历史上也似乎更有可能。杜德尼的题目见他的《数学中的乐趣》一书,那是61个方阵而不是13个。为免得你陷入这个题目的解答过程,让我赶紧说出来。这个题目中最低可能的人数是 3 119 882 982 860 264 400(每个方阵的每一边有 226 153 980 人)。加上哈罗德,他们就将排成单独的一个方阵,每一边有 1 766 319 049 人。杜德尼说,以此作为一个特定例子的这类问题,首先是由费马[1]提出的,尽管这类问题以"佩尔方程"[2]而闻名。——马丁·加德纳)

★ 答案 40

有一两种不同方式的答案,然而在得出所要求的结果的过程中所涉及的原理总是相同的。

他接连输了7次1法郎的赌注,然后输了3次7法郎的赌注,赢了4次7法郎的赌注,这使他输赢相抵。

然后他在49法郎的赌注上赢了2次,在同样数目的赌注上输了5次,后来又在343法郎的赌注上赢了7次。

此后他在2401法郎的赌注上输了3次,赢了4次;在16 807法郎的赌注上赢了2次,输了5次;最后在117 649

---

[1] 费马(Pierre de Fermat,1601—1665),著名法国数学家,在几何、概率论、数论等方面颇有建树。——译者注

[2] 佩尔方程是这样一种方程:$x^2 - Dy^2 = N$,其中 $N = \pm 1, \pm 4$,D 为不是平方数的正整数,并要求它的解 x, y 为整数。——译者注

法郎的最大赌注上赢了7次。他一共赢了869 288法郎,输了91 511法郎,这使他在这场赌博中恰好赢了777 777法郎。

★答案 41

这个用四个空杯和四个满杯表演的奇妙的小戏法,用以下规则便能容易地记住:一次远移,两次近移,再一次远移。首先把2号和3号移到最后;然后把5号和6号填入缺口。把8号和2号填入缺口;最后再把1号和5号填入缺口。

★答案 42

下图说明怎样把这个正十字形剪成5块,再拼成两个大小一样的十字形。按图1所示剪开,再按图2所示拼起来。

★答案 43

在这个奇怪的问题中,我们发现这个湖的面积的精确值是11英亩,因此"几乎是11英亩"这种近似答案不完全正确。这个确切的答案是从毕达哥拉斯定理得出的,这个定理说,任何直角三角形的最长的那条边的平方等于另两条边的平方之和。

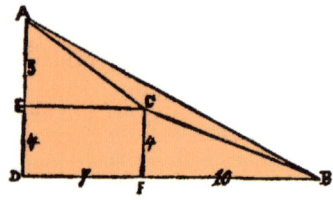

在图中,ABD表示我们构造的直角三角形,其中AD长9英亩①,BD长17英亩,这是因为9×9等于81,加上17×17(289),就得到了那块最大的土地的面积370英亩。AEC是一个直角三角形,5的平方(25)加上7的平方(49)就是AC的平方74。CBF也是一个直角三角形。从它两条边的边长4和10,得出BC的平方等于116。我们构造的三角形ADB的面积显然是9×17的一半,等于76.5英亩。因为那个长方形和上述两个三角形的面积很清楚是65.5,我们从76.5中减去这个数字就得出这个湖的面积的精确值11英亩。

---

① 这里借用英亩作为长度单位,1英亩长指面积为1英亩的正方形的边长。——译者注

★答案 44

击倒标有 25、6 和 19 的偶人就能得到 50 分。

★答案 45

五万多回答"There is no possible way"的读者都解出了这个题目,因为正是这个句子构成了对那颗行星的一次环球旅行!

★答案 46

令人难以置信,答案表明与 1 英亩的平方英尺数即 43 560 有关。这个数目的木头能做成一个有三道横档的围栏,恰好围住一块 43 560 英亩的正方形土地。

★答案 47

数学上有许多方法可以解这个问题。为了简明起见,我让那位对于平方根一无所知的可怜的丹麦水手从旗子周长的四分之一减去对角线的一半。旗子的周长恰好是 25 英尺,对角线是 9.013 88 英尺,我们从 6.25 英尺减去 4.506 94 英尺得到 1.743 06 英尺,这就是十字形的宽度。

★答案 48

妈妈的年龄是29岁2个月。汤米的年龄是5岁10个月,爸爸是35岁。

★答案 49

为了尽可能以最少的块数解决这个问题,先剪下三角形1号和2号,填入中间。然后沿锯齿线剪开,把4号往下移一格,这4块拼在一起就形成了一个完整的正方形。

(让人啼笑皆非的是,劳埃德在题目中严厉批评了自认为什么都知道的"聪明的亚历克",而正是在这道趣题中,这位老专家本人也犯了一个严重的错误。根据亨利·杜德尼的详细说明(《数学中的乐趣》第150个问题),只是边长具有一定比例的矩形才能用台阶方法转换成正方形。在这个例子中矩形边长的比例是3比4,它不能作台阶转换。杜德尼给出了一个只需剪5块的简洁的解法。4块的解法还没有找到。

甚至劳埃德在最初提出的僧帽趣题,即把僧帽分成大小和形状一样的4块,也只能在下面这个不能令人信服的假定之下才能解决:标有同样字母的部分(图1)因它们在角顶上相连而被称为一块!当然,劳埃德也发表过比较合理的分为8块的方法,如图2。——马丁·加德纳)

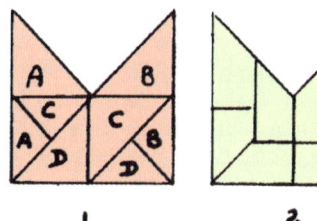

★ 答案 50

边长一定是大箱子13.856英寸,小箱子6.928英寸。两个一共长20.784英寸,即1.732英尺①,每英尺5美元,就是8.66美元。两个箱子一共能容纳略多于2 992立方英寸即1.732立方英尺的货物。以每立方英尺5美元计算,一共是8.66美元。

★ 答案 51

这个问题没有确切的答案,除非你知道这个商人最初买这辆自行车时付出了多少钱。由于这没有给出,所以这个问题不可能用任何令人满意的方式来回答。

① 注意1英尺等于12英寸。——译者注

★**答案** 52

在说明这个瓶子问题的插图中,只能看到两个小偷,但是作为福尔摩斯,用不了多少时间就能证实这伙小偷有3个人。这是因为有21品脱的酒、12个大瓶和12个小瓶要分,而只有3这个数是唯一能整除这些数的。

一个小偷拿走3个满的、1个空的1夸脱的酒瓶和1个满的、3个空的1品脱的瓶。另两个人每人拿走2个满的、2个空的1夸脱的瓶和3个满的、1个空的1品脱的瓶,这样每个人得到3夸脱半酒以及4个大瓶和4个小瓶。

★**答案** 53

下面每一段文字末尾的数字表示完成该操作所用的步数。

大桶中有63加仑水,小桶中有$31\frac{1}{2}$加仑酒。把3个10加仑的罐子注满酒,把剩下的$1\frac{1}{2}$加仑注入2加仑的量桶,这样小桶就空了(4步)。

用4加仑的量桶把大桶里的水灌满小桶,最后在4加仑的量桶里将剩下1/2加仑水。把这1/2加仑水给1号骆驼。用4加仑的量桶从小桶向大桶灌回28加仑水。把2加仑量桶中那$1\frac{1}{2}$加仑酒倒进4加仑的量桶。从小桶向2加仓的量桶里注入2加仑水,再倒回大桶。把小桶中剩下的 $1\frac{1}{2}$ 加仑水注入2加仑的量桶,并把这给2号骆驼。把4加仑量桶中那 $1\frac{1}{2}$ 加仑酒倒进2加仑量桶(37步[①])。

把上一段中的全部操作重复11遍,这样就有6头骆驼各喝到了两个1/2加仑水,另6头骆驼各喝到了两个 $1\frac{1}{2}$ 加仑水。但是在第10次和第11次重复时,那2加仑水不倒回大桶,而是给任意2头只得到过两个1/2加仑水的骆驼。现在,8头骆驼各得到了3加仑水,4头骆驼各得到了1加仑水,大桶里剩下35加仑水(407步)。

用4加仑的量桶把大桶里的水灌满小桶,把量桶里剩下的1/2加仑水给13号骆驼。把大桶里剩下的3加仑水注入4加仑的量桶(18步)。

把所有的酒都倒回大桶。把小桶里的水全都注入那3个10加仑的罐子,剩下的 $1\frac{1}{2}$ 加仑水注入2加仑的量桶。把3个罐子里的水都倒回小桶,把2加仑量桶里的 $1\frac{1}{2}$ 加仑水倒进1号罐(12步)。

把4加仑量桶里的水灌满2加仑量桶,在4加仑量桶中将余下1加仑水。把2加仑量桶里的水灌满小桶,把剩下

[①] 注意,在这里骆驼被看作一个容器,因此把水给骆驼喝也算作一步。——译者注

的1/2加仑水给13号骆驼。给5头骆驼各2加仑水,现在所有骆驼都给够了(13步)。

从小桶把2个空罐灌满,把剩下的 $1\frac{1}{2}$ 加仑倒进1号罐。把2号和3号罐里的水都倒回小桶(5步)。

把4加仑量桶中的1加仑水倒进2号罐。用2加仑量桶和4加仑量桶把6加仑酒倒进3号罐。把2号罐里的1加仑水都倒进4加仑的量桶,并且用3号罐里的酒把这个量桶灌满。把4加仑量桶里的液体都倒进2号罐。从小桶中取出2加仑水倒进2号罐(10步)。

现在,13头骆驼各得到了3加仑水,一个10加仑的罐子装了3加仑水,另一个装了3加仑酒,第三个装了3加仑酒和3加仑水的混合液体。大桶里剩下 $25\frac{1}{2}$ 加仑酒,小桶里剩下18加仑水。总的步数是:506步。

(在《海滨》(The Strand)杂志1926年4月号上发表的一篇访问记中,英国的大趣题家亨利·杜德尼透露,劳埃德曾经为这个问题向他求助。劳埃德曾表示要给作出最佳解答的读者发奖金,但他急切地想要有一个他自己的答案,能压倒所有收到的答案,以避免发出奖金。杜德尼作出了一个521步的解答,后来又减少到以上的506步。这就是劳埃德耍的花招,他一直说杜德尼为他节省了几千美元。——马丁·加德纳)

★ 答案 54

根据所给出的情况，一个圆孔钱值15/11个小钱，一个方孔钱值16/11个小钱，一个三角形孔钱值17/11个小钱。这条小狗值11个小钱，因此可以卖1个方孔钱和7个圆孔钱。

★ 答案 55

这个古怪的钟下次指示正确的时间将在7点5分$27\frac{3}{11}$秒。

（劳埃德没有说明怎样得到这个答案，但是我们不能不指出，只要你以前做出过被称为"时间问题"的时钟趣题，这个问题就很简单。我们假设这个着了魔的钟现在有四根指针——一对是正常走动的，另一对是时针和分针装颠倒的。颠倒的指针要指示正确的时间，只有在它们同另一对指针恰好重合的时候——时针和时针重合，分针和分针重合。因为一对指针是颠倒的，我们可以把指向12的两根指针当作一根时针和一根分针，然后问这两根指针下一次什么时候恰好重合。当然这个问题就是上述的时钟问题，答案是1点5分$27\frac{3}{11}$秒[①]。不过在这道题目中，这只给了我们着了魔的分针的位置。

[①] 原文误作"12点5分$27\frac{3}{11}$秒"。——译者注

现在我们把注意力转到那一对在开始时指着6的时针,我们发现有类似的局面。由于这其中的一根指针像分针那样走动,这两根指针再次相会时它们与6之间的距离,就和另一对指针相会时它们与12之间的距离是一样的。因此就得出了上述的答案。——马丁·加德纳)

★答案 56

要把剪刀从绳子上取下来,可以把绳圈的头顺着那双股绳子退出来。首先穿过左环柄,然后右环柄,再左环柄,再右环柄。现在把绳圈套过整把剪刀,剪刀就自由了,除非你不幸扭转了绳子而把它弄得一团糟。

★答案 57

可以说农民们和我们的某些趣题家们一样,在镜子前试了一段时间,最后他们恍然大悟,答案是9头绵羊和9头山羊。它们的乘积81,在镜子里变成了羊群的总头数18。

★答案 58

以击出150码的猛抽和击出125码的轻击,可以用26杆打完全场。击球步骤如下:

150码：1次猛抽

300码：2次猛抽

250码：2次轻击

325码：3次猛抽，1次往回轻击

275码：1次猛抽，1次轻击

350码：4次轻击，1次往回猛抽

225码：3次轻击，1次往回猛抽

400码：1次猛抽，2次轻击

425码：2次猛抽，1次轻击

★ **答案 59**

买小屠夫花了264美元而卖了295.68美元，赚了12%。买另一匹马花了220美元而卖了198美元，损失10%。总共花了484美元；总共卖得493.68美元。因此总共赚了2%的利润。

★ **答案 60**

三枚骰子能掷出的结果有216种，它们的可能性均等，你只能赢得其中的91种，而输掉125种。所以你至少能赢得与所下赌注一样多的钱的机会只有91/216，你输掉赌注的机会是125/216。

如果骰子总是出现不同的点数,那么这个游戏是公平的。假设每一个方格都押上了1美元。对于出现三个不同点数的情况,庄家总是拿进3美元并付出3美元。如果有两枚骰子出现相同的点数,他就赚了1美元;假如三枚骰子都相同,他就赚2美元。长此以往,一个参加者无论他在哪个方格押注,无论他押多少钱,他押下的每一个美元都将损失大约7.8美分。这样就使庄家在每一美元的赌注上收益7.8%。

★ **答案 61**

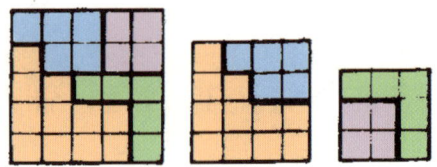

★ **答案 62**

秘诀在于把第一个鸡蛋放在餐巾的正中央,如方形图所示。然后,不管你的对手在哪里放下一个鸡蛋,你就把鸡蛋放在1号鸡蛋另一侧与之相对应的位置上。图中的数字注明了一局开始后按此规律进行的情况。

如果只是简单地把鸡蛋放在桌子上,那么即使把第一个鸡蛋放在餐巾的中央也不能取胜,原因在于鸡蛋的形状是卵形,第二个人放的时候可以让两个鸡蛋的小头紧挨着,如图中下方所示。这样就不能在另一侧的相应位置再放鸡蛋了。

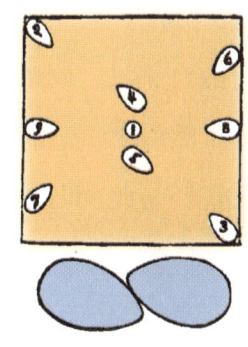

因此,正如这位伟大的航海家所发现的那样,获胜的唯一方法是把第一个鸡蛋的一头弄平,使它能直立。

★ **答案 63**

从一个角到另一个角画一斜线,然后划上交叉线和平行线,你会发现能种41株葡萄,它们之间的距离略大于9英尺,且都在篱笆之内。

★ **答案 64**

我收到许多关于这个问题的答案,而且见解都不同。假如在暹罗的鱼池里投入战斗的鱼也和我收到的答案同样多,那一定会有大规模的战斗!

为了简明起见,我倾向于同意如下的计时法是正解。

萨姆·劳埃德的趣味数学题

3条小鱼一组,一共3组,每组对付一条大鱼,吸引它们的注意力,同时另4个小斗士用3分钟消灭第四条大鱼。然后5个小家伙联合攻击一条大鱼并且用2分24秒杀死它。与此同时,其他的小鱼在同其他的大鱼战斗①。

显然,如果其他两组小鱼每组能够再多一个斗士的话,它们本来会用同样的时间结束战斗,因此,这时每条大鱼身上剩下的力量只够同1条小鱼抗衡2分24秒。于是,如果现在是7条鱼而不是1条鱼来攻击,则只需要2分24秒的1/7时间,即 $20\frac{4}{7}$ 秒就能完事。

把这些小鱼的兵力分开来对付剩下的两条大鱼——一条大鱼由7条小鱼攻击,另一条由6条小鱼来攻击——过了 $20\frac{4}{7}$ 秒之后,最后剩下的那条大鱼还需要由一条小鱼用同样的 $20\frac{4}{7}$ 秒才能消灭。全部13个小家伙集中攻击这条大鱼,用 $20\frac{4}{7}$ 秒的1/13时间,即 $1\frac{53}{91}$ 秒就能把它置之死地。

把得出的这几个回合的时间相加——3分、2分24秒、$20\frac{4}{7}$ 秒、$1\frac{53}{91}$ 秒,我们得到5分 $46\frac{2}{13}$ 秒,这就是这场战斗所

---

① 从下面的叙述看,这里似乎应该是4条小鱼成一组,每组攻击一条大鱼。——译者注

用的全部时间①。

★ 答案 65

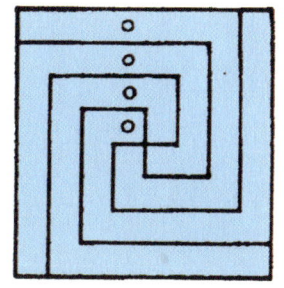

★ 答案 66

第一个女孩刚好是638天，男孩是她的两倍那么大，也就是1276天。这位最小的女孩第二天就是639天，她的新伙伴是1915天，合计是2554天，这就是第一个男孩的两倍，因为他又长大了一天，该是1277天了。第三天这个男孩是1278天了，带来了他的3834天的哥哥，这样他们加在一起是5112天，恰好是两个女孩现在的大小即640天与1916天之和——2556天的两倍。

第四天女孩们又各自长大了一天，变成2558天，加上最后那个伙伴的7670天，使得她们的总和是10 228天，恰

---

① 这个答案显然对小鱼十分偏心。它假定小鱼的力量是用之不尽的，它们杀死一条大鱼以后，仍能以同样的效率进行战斗。而一条大鱼遇到3条以上的小鱼时，随着战斗的进行，体力按比例地衰减。看来这个答案也不尽合理。但由于题目没有明确给出相应的条件，无法进一步探讨。——译者注

好是两个男孩的两倍，因为两个男孩在最后一天又加上两天，增加到5144天。

我们是这样得到最后那个女孩的7670天的：这位小姐正好到了她的21岁生日，21乘365是7665，加上四个闰年的4天，再加上她生日这一天。

那些得出男孩年龄是3岁半的人忽略了这些学生每过一天都会长大一天这个事实。

★ 答案 67

如果诺布斯40分钟能种下1行土豆，那他用240分钟就能种下6行。因为他以同样速度盖土，他完成这6行一共用480分钟，即8小时。霍布斯种另外6行，他用120分钟种下土豆（20分钟1行），再用360分钟盖土，一共用480分钟，即8小时。在8小时中各人完成了同样数量的工作，种完了这块地，所以各人的劳动所得是2.50美元。

★ 答案 68

★ **答案 69**

如果这个中间商称得货物为1磅重,实际比这重1盎司,那么他就是买进17盎司算作1磅。他出售时称得1磅重,实际比这轻了1盎司,即他给别人15盎司算作1磅,这样他就多得了2盎司。如果这2盎司以同样的价格出售,他便以此诈骗了25美元,这对应着他把15盎司当作1磅卖出所得的钱的2/15,也就对应着他收进全部货物所付的钱的2/15[①]。1/15值12.50美元,15/15即全部就是187.50美元,如果他的代理没有任何问题,这就是他收进这些货物时所付的钱。

然而我们发现,他除了诈骗所得的25美元之外,还从卖主那里得到2%的佣金即3.75美元,从买主那里得到

[①] 虽然翻译时做了修饰,但这样说恐怕跳跃度还是太大,因此试作如下解释。先假定中间商只收进17盎司的骆驼毛,因为他的秤上显示出只有1磅重,所以他按规定价格付了1磅的钱,设为a。然后他转手将这17盎司货物卖出,可以假定他分两步做:第一步,先卖出15盎司,由于他秤上显示出是1磅重,因此他按规定价格收了1磅的钱,也是a(因为按照交易规定,中间商只收佣金);第二步,再卖出那多出的2盎司(这里同样是用了假秤),显然他收的钱(即诈骗所得)应该是a的2/15,从而就是当初他收进货物时所付出的金额a的2/15。注意,虽然我们假定这笔交易只涉及17盎司骆驼毛,但2/15这个比例对涉及任何质量骆驼毛的转手买卖都是适用的,只要将骆驼毛按17盎司一份分成若干份(份数事实上可以是任意实数)就可以了。因此,中间商如此诈骗所得的钱总是他当初收货时付出的钱的2/15。这里仅考虑中间商在货物转手上的诈骗所得,下文将进一步考虑他在佣金上的诈骗所得,虽然这方面的金额很小。——译者注

4.25美元，一共是8美元佣金。如果他老老实实做买卖，他为这17盎司所付的钱准确地说应该是199.218 75美元。他由买和卖得到的佣金只是7.968 75美元，所以他通过诈骗又获得另外的 $3\frac{1}{8}$ 美分。因为故事中说他诈骗所得恰好是25美元，我们把187.50美元这个金额减小一些，使得他两次诈骗所得加起来正好是25美元。

现在，因为 $3\frac{1}{8}$ 美分恰好是25.031 25美元的1/801，我们应该从187.50美元中减去它的1/801，这使它降到187.27美元，这样他诈骗所得刚好是25美元0.000 6美分。如果希望极其精确，我就说卖主得到了187.265 917 602 997 312 5美元弱，这使得2%的佣金降到3.745美元强。

★ **答案 70**

当然是猫获胜。它跑100步恰好完成这段路程的来回，而狗却相反，它不得不跑到102英尺再回头。因为它跑33步到达99英尺处，必须再跑一步，那样却超过端线2英尺，所以狗必须跑满68步才能完成全程。但是它跑的速度只有猫的三分之二，所以当猫跑了100步时，狗还没能跑完67步。

然而，巴纳姆埋下了伏笔，有可能这是愚人节的把

戏。假定给这只猫起名叫托马斯先生(他)而这只狗是母的(她)！那么"他跑两步她能跑三步"这句话就意味着猫跑4英尺狗能跑9英尺。这样的话,当狗跑了68步完成赛跑时,猫只跑了90英尺8英寸。

(同样的趣题当亨利·杜德尼在1900年4月1日的《每周快讯》(The Weekly Dispatch)上发表时,在伦敦也使大多数人上当。在杜德尼的版本中,赛跑的双方是园艺工人(女的)和厨师(男的),见他的《数学中的乐趣》(Amusements in Mathematics)第428题。——马丁·加德纳)

★答案 71

(最初的那个问题是不可能解出的,除非偷偷地把"6"和"9"这两个滑块颠倒过来。这个问题的一个独特之处就在于,任何两个滑块交换一下位置,都立刻使得这个问题变成可解的。实际上,任何奇数次的交换都有同样的结果,而偶数次的交换却使问题回到最初那样不可解。读者若有兴趣了解构成这个问题的有趣的数学结构,可参看W. W. 约翰逊(W. W. Johnson)和W. E. 斯托里(W. E. Story)在他们的文章《关于15——智力游戏的注记》(Notes on the 15-Puzzle)中的经典分析,载于《美国数学杂志》(American Journal of Mathematics)第2卷,1879年,397 f

页,以及趣味数学的标准参考书中关于这个问题的简要讨论。——马丁·加德纳)

其余三个问题解答如下:

图1可以用44步得到:14,11,12,8,7,6,10,12,8,7,4,3,6,4,7,14,11,15,13,9,12,8,4,10,8,4,14,11,15,13,9,12,4,8,5,4,8,9,13,14,10,6,2,1。

图2可以用39步得到:14,15,10,6,7,11,15,10,13,9,5,1,2,3,4,8,12,15,10,13,9,5,1,2,3,4,8,12,15,14,13,9,5,1,2,3,4,8,12。

幻方可以用50步得到:12,8,4,3,2,6,10,9,13,15,14,12,8,4,7,10,9,14,12,8,4,7,10,9,6,2,3,10,9,6,5,1,2,3,6,5,3,2,1,13,14,3,2,1,13,14,3,12,15,3。

★答案 72

一个人拿回这100个马铃薯,要跑101 000英尺,或者说比19英里[①]多一点!

哈里的最好策略是选第99个马铃薯。由于汤姆比哈里快2.04%,他将拿到第一个马铃薯,哈里拿第二个,汤姆拿第三个,如此直到最后一个。汤姆并没有快到足以拿取相邻的两个马铃薯。哈里拿回他的49个马铃薯必须要跑

---

① 在英制计量单位中,1英里等于5280英尺。——译者注

49 980英尺。在相同的时间内汤姆能跑50 999.592英尺。由于汤姆拿回他全部50个马铃薯必须跑51 000英尺，哈里将以不到半英尺的领先而获胜。

● 答案 73

开始，店主量的18英尺绳子是每码短3英寸，即一共短$1\frac{1}{2}$英尺。最后的2英尺什么也没损失，因为码尺只是在末端短缺。这样店主给水手的绳子是$81\frac{1}{2}$英尺，每英尺2分钱，一共是1.63元。水手用假的5元金币付给他1.60元（80英尺，每英尺2分钱）。店主找给水手3.40元，加上他损失的绳子值1.63元，他一共损失了5.03元。邻居要他换成真金币这件事同他是赚是赔无关。

● 答案 74

尽可能地利用这个月牙的形状，可以把它切成21块鲜奶酪分给这些饥饿的山民。

（已经观察到，对于一个圆形来说，通过切割n次能产生的最大块数是$\frac{n^2+n}{2}+1$，但对于一个月牙形来说，这个数字增加到$\frac{n^2+3n}{2}+1$。——马丁·加德纳）

★ 答案 75

这件事可以用17步完成。

开始时 ABCD（男人）和 abcd（女人）都在河这边。下表不言自明：

	此岸	岛	对岸
1.	A B C D c d		a b
2.	A B C D b c d		a
3.	A B C D d	b c	a
4.	A B C D c d	b	a

（现在男人们开始渡河。）

	此岸	岛	对岸
5.	C D c d	b	A B a
6.	B C D c D	b	A a
7.	B C D	b c d	A a
8.	B C D d	b c	A a
9.	D d	b c	A B C a
10.	D d	a b c	A B C
11.	D d	b	A B C a c
12.	B D d	b	A C a c
13.	d	b	A B C D a c
14.	d	b c	A B C D a
15.	d		A B C D a b c

16. c d　　　　　　　A B C D a b
17.　　　　　　　　A B C D a b c d

（还有其他的方法用17步解决这个问题，但是据亨利·杜德尼在他的《数学中的乐趣》中所说，上述解答包含了最少的"上船"和"下船"次数。如果只有三对情人，岛就不需要了，而四对或更多对时需要一个岛才满足题目的条件。——马丁·加德纳）

★ 答案 76

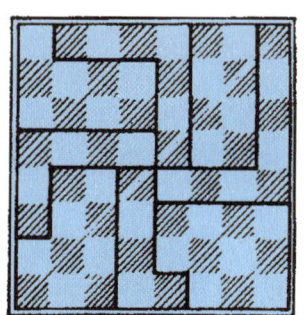

★ 答案 77

1. 右车头向右边后退。

2. 右车头开到侧线上。

3. 左车头带着三节车厢开到右边。

4. 右车头退回主线。

5. 右车头带着三节车厢开到侧线左边。

6. 左车头退到侧线上。

7. 右车头和车厢退到右边。

8. 右车头拉着七节车厢开到左边。

9. 左车头开回主线。

10. 左车头退到整列火车处。

11. 左车头拉着五节车厢开到侧线右边。

12. 左车头倒退着把它最后面的一节车厢推到侧线上。

13. 左车头拉着剩下的四节车厢开回右边。

14. 左车头带四节车厢退回左边。

15. 左车头单独开到右边。

16. 左车头向侧线后退。

17. 左车头把一节车厢从侧线上拉回主线。

18. 左车头退回左边。

19. 左车头带着六节车厢向右前进。

20. 左车头倒退着把它最后面的一节车厢推到侧线上。

21. 左车头带着五节车厢开回右边。

22. 左车头带着五节车厢退回左边。

23. 左车头带着一节车厢开到右边。

24. 左车头向侧线后退。

25. 左车头带着两节车厢开到右边。

26. 左车头带着两节车厢退到侧线左边。

27. 左车头拉着七节车厢开到侧线右边。

28. 左车头把最后一节车厢推到侧线上。

29. 左车头带六节车厢开到右边。

30. 右车头退回右边。

31. 右车头接上它的四节车厢离开。

32. 左车头向侧道后退。

33. 左车头带着它的三节车厢,高兴地继续它的行程。

★ 答案 78

出发去野餐时,900名野餐者乘100辆车,每辆9人。

★ 答案 79

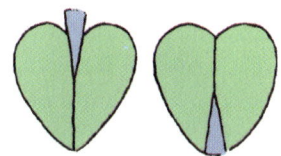

★ 答案 80

一个球体可以被视为由许许多多小的棱锥拼合而成,棱锥的尖端在球心会合,它们的底相当于球的表面。我们知道棱锥的体积等于它的底面积乘以高的三分之一。

这样，这个球的体积就等于棱锥底面积的总和乘以那固定的高的三分之一——在这里就是球的表面积乘以半径的三分之一。如果体积同表面积的数字一样，那么半径的三分之一必然是1。因此，半径是3，这个球的直径是6英寸。

★ 答案 81

当凯西在时，人数一定是2、3、4、5、6、7、8、9、10的倍数。我们取最小公倍数2520，然后减去1以得到除凯西以外的人数。这个结果要不是不符合"每行11个人不行"这个条件那就是答案了。因为2519能被11整除，所以我们只得取下一个公倍数5040，再减去1得到5039。因为它不能被11整除，又因为更大的公倍数将使答案超过7000，所以我们断定，5039是唯一正确的答案。

★ 答案 82

在水管工的问题中可以发现，制造一个底面为正方形、其边长为深度两倍的水槽，就可获得最经济的方式。如果一个边长将近12.6英尺的立方体的容积是2000立方英尺，那么减少它深度的一半就符合容积为1000立方英尺的要求。

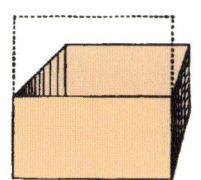

（所要求的水槽的精确尺寸是无法用有理数表示的，因为它们涉及一个"倍立方"①的一半。用无理数表示的话，这个水槽的长度和宽度都等于2000的立方根，深度等于2000的立方根的一半。——马丁·加德纳）

★ **答案 83**

这些黑纸片只不过是迷惑人的圈套。这些纸片如图被摆成中间有一匹小白马的样子。

正是这个阿平顿白马的戏法使得下面这句俚语广为流行："哦，是一匹另一种颜色的马！"②

---

① 即2的立方根，因为"倍立方问题"的关键是作出一条长度为2的立方根的线段。——译者注
② 美国俚语，意思是"这完全是另一回事"。——译者注

★答案 84

如果你在一张长方形的纸上画一条对角线，然后把它卷成一个圆筒，对角线就变成了环绕圆筒的一条螺线。换句话说，环绕圆柱的一条螺线可以看作是一个直角三角形的斜边。在本题中，是一个直角三角形围着圆柱绕了4圈。三角形的底边是这个圆柱的周长的4倍（π乘以直径再乘以4），可知它略大于300英尺，误差可以忽略不计。这也是塔的高度，但这只是一种巧合，因为这个高度同本题的答案完全无关。

我们也不必考虑楼梯的长度。因为如果在台阶上桩的间距是1英尺，那么它们在直角三角形底边上的投影的间距也同样是这个数字，而不用管斜边有多长。因为我们的直角三角形的底边是300英尺，所以环梯就有300个台阶。

★答案 85

这个问题是要求一个数，它的立方将是一个平方数。任何本身就是平方数的数都满足这个条件。最小的平方数（1除外）是4，因此这个纪念碑可能包含64个小立方体（4×4×4），它竖立在一个8×8的广场的中央。然而，这不符合图中所显示的比例。

我们再尝试下一个平方数9,得出一座729个立方体的纪念碑,竖立在27×27的广场上。这是唯一符合插图的正确答案。

★ 答案 86

在八进制中,1906写作3562,它代表两个1、六个8、五个64和三个512。得出这个数的简单的过程是,首先把1906除以512得到商3。然后把余数370除以64得到商5。把余数50除以8得到商6,最后的余数2当然就是答案的最后一位。如果我们要把1906变换为七进制,我们就要循着类似的过程,逐次除以7的乘方数①。

★ 答案 87

为了帮助那些在数字中无休止地打转转而无法逃脱的人,我们说,最短的出路是沿着某一条对角线巧妙地来回行走。

步骤是:向西南到4,向西南到6,向东北到6,向东北到2,向东北到5,向西南到4,向西南到4,向西南到4,然后大胆地向西北冲向自由!

① 原文作"7的倍数"。——译者注

★ **答案 88**

那个用5夸脱和3夸脱的瓶子量出4夸脱的古老的问题,可以用6步解决。

1. 把大瓶灌满。

2. 从大瓶把小瓶灌满,大瓶中剩下2夸脱。

3. 把小瓶中的蜜倒回桶里。

4. 把大瓶中的2夸脱倒入小瓶。

5. 从桶里把大瓶灌满。

6. 从大瓶把小瓶灌满,大瓶中剩下4夸脱。

在第二个问题中,一点点初等代数就会告诉你,按照给出的价格,价值21.06美元的26加仑山露,应当包含$24\frac{8}{17}$加仑苹果酒和$1\frac{9}{17}$加仑苹果汁。为了以尽可能快的方式量出这些混合物,下列步骤是必须的:

1. 在两个量桶中灌满苹果酒。

2. 把酒桶中的苹果酒全部倒入顾客的小桶。

3. 把两个量桶中的苹果酒全部倒回苹果酒桶。

4. 从小桶中量出2加仑倒入苹果酒桶。

5. 从苹果汁桶中量出2加仑苹果汁倒入小桶。

6. 用小桶中的混合物灌满两个量杯。这时留在小桶中的混合物包含$1\frac{9}{17}$加仑的苹果汁。

7. 从苹果酒桶把小桶灌满。

答 案
answers

★答案 89

这些不和睦的邻居所修的路如附图所示。

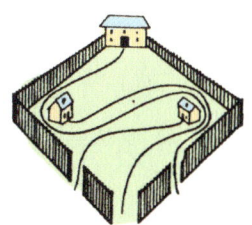

★答案 90

```
            8 5 3
7 4 9 ) 6 3 8 8 9 7
        5 9 9 2
          3 9 6 9
          3 7 4 5
            2 2 4 7
            2 2 4 7
```

★答案 91

蛋格子里一共可以下12只鸡蛋,见附图所示。

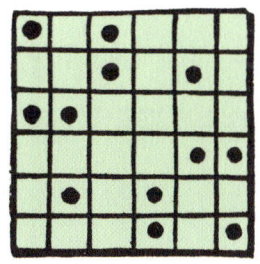

277

★答案 92

（这个令人迷惑的小问题可用各种不同方法来解决，其中的一个解法是设 t 代表火车速度，c 代表马车速度，x 代表会合点到格拉斯哥的距离，而 $189-x$ 应是因弗内斯到会合点的距离。于是可知，马车从因弗内斯到会合点所需的时间应该等于 $189-2x$（两个距离相差的英里数），而这又等于火车从格拉斯哥开到会合点所需的时间。由这两个方程可以解出马车每小时的速度要比火车快 1 英里。

利用上述信息，再加上以下结果，即马车走 189 英里的路要比火车提前 12 小时，这就帮助我们建立另一方程，从而解出马车的速度为每小时 $4\frac{1}{2}$ 英里。于是，火车的速度为每小时 $3\frac{1}{2}$ 英里。剩下的问题就非常容易了，会合地点到格拉斯哥的距离为 $82\frac{11}{16}$ 英里。——马丁·加德纳）

★答案 93

在分割家产问题上，原来的意图是很明显的：给母亲的钱是给女儿的两倍，而儿子的所得又是母亲的两倍。因此执行遗嘱不会有什么困难：只要给女儿 1/7，母亲 2/7，儿子 4/7 就行了。

答 案
answers

★ **答案 94**

本题有一巧妙解法，可避开麻烦的开平方。先把600除以250，然后再加2，得出4.4。600除以4.4将给出向右跑的孩子到左边桥梁的距离，即 $136\frac{4}{11}$ 码。这个数值加上250码（同一孩子与右边桥梁的距离）后，得出 $386\frac{4}{11}$ 码，这就是两座桥梁之间的距离，即本题的答案。

（这个便捷的公式适用于一切直角三角形，但其中为何要加上常数2，这使人大惑不解。我们不妨用 a 表示向右跑的孩子到左边桥梁的距离，b 表示他同右边桥梁的距离，c 为三角形的长为600码的一边，d 表示斜边。勾股定理告诉我们，a、b 之和的平方加上 c 的平方等于 d 的平方，又知 $(a+d)$ 等于 $(b+c)$，或 $d=(b+c)-a$。将此式代入前式，则在化简时，所有的平方项都消去了，只剩下 $\frac{bc}{2b+c}$，而这又可记为 $\frac{c}{\frac{c}{b}+2}$。——马丁·加德纳）

★ **答案 95**

（劳埃德的《大全》中并未给出这一难题的答案。一个自称是他想出来的答案实际上是另一个完全不同的双人自行车问题的答案，后者在《大全》中并未收入，而出现在另一部选集《萨姆·劳埃德及其趣题》(Sam Loyd and His Puzzles)中。通过杜德尼趣题书中类似问题的提示,本题解法看来是这样的:

速度最慢的步行者C一直坐在自行车上不下来。起先,他同最快的步行者A一起坐在自行车上,行驶了31.04英里,而B在这段时间内步行。A下车了,C把自行车往回驶,在距出发点5.63英里处遇到了正在步行的B,叫他上车。在余下的旅程中,B与C一直在车上,继续行驶,与步行的A同时到达终点。总的时间略小于2.3小时。

这个问题的代数解法如下:设x为B步行的距离,y为A步行的距离。将B走完距离x所需的时间与自行车从出发到把A撇下来而让B上车的时间列成等式,这样就得出一个方程。第二个方程是把A走完距离y所需的时间与自行车把A撇下后继续走完全程所需的时间列成等式。然后从两个联立方程中解出未知数x与y,结果就出来了。——马丁·加德纳)

★答案 96

(设x表示电线杆的总数,y为汽车走$3\frac{5}{8}$英里所需要的小时数。于是,汽车将在y小时内经过x根电线杆,也就是1小时经过$\frac{x}{y}$根电线杆,或者每分钟经过$\frac{x}{60y}$根电线杆。由于我们已知 $3\frac{5}{8}$ 乘以每分钟经过的电线杆数等于汽车每小时经过的英里数,于是可以列出下列方程:

$$\frac{3\frac{5}{8}x}{60y} = \frac{3\frac{5}{8}}{y}。$$

等号两边的汽车速度 $3\frac{5}{8}/y$ 可以约去,得出 x 等于 60。由于 $3\frac{5}{8}$ 英里(折合 19 140 英尺)中有 60 根电线杆,用 60 去除 19 140 之后,即可得出两根电线杆之间的距离为 319 英尺。汽车的速度以及竖立着电线杆的那段路的长度都不是必要数据,然而必须假定对汽车每分钟经过的电线杆的计数开始于汽车处在两杆之间,结束于汽车处在两杆之间,对那段路程长度的计量也是如此,否则本题将得不出唯一解。——马丁·加德纳)

★ 答案 97

国际象棋棋盘可以分成 18 块不同的木块,如下图所示。

(分成18块不同木块的方式很多。作为一个有趣的练习,不妨请读者证明:18确实是如此分下来的木块块数的最大值。——马丁·加德纳)

★ **答案 98**

隐藏在蜂窝中的两句名言是:

How doth the little busy bee

Improve each shining hour[①]

★ **答案 99**

两站之间的距离是200英里。

(这个答案很容易用代数方法求得。用 x 表示第一小时所走过的距离,用 y 表示剩下的距离。火车的正常速度等于 x(英里/小时),放慢后的速度等于 $\frac{3x}{5}$,而行完这段路程的正常时间应该是 $\frac{x+y}{x}$。根据这些数据我们可以列出下面两个方程:

$$1 + \frac{5y}{3x} = \frac{x+y}{x} + 2$$

[①] 这是被誉为英国赞美诗之父的艾萨克·瓦茨(Isaac Watts,1674—1748)的著名诗句,出自他的《给孩子唱的圣歌》(Divine Songs for the Use of Children)。似可译为:"天气晴好,阳光照耀;蜜蜂营营,争分夺秒。"——译者注

$$\frac{x+50}{x} + \frac{5y-250}{3x} = \frac{x+y}{x} + 1\frac{1}{3}$$

这些方程可以化简为：

$$3x = y$$

$$2x = y - 50$$

将第一个方程减去第二个方程，即可得出：$x=50$，$y=150$，因此总的距离是200英里。——马丁·加德纳）

★ 答案 100

老板现年84岁。

★ 答案 101

下面的附图已经画出了从B点到A点的接线法，一共需要233英寸长的电线。

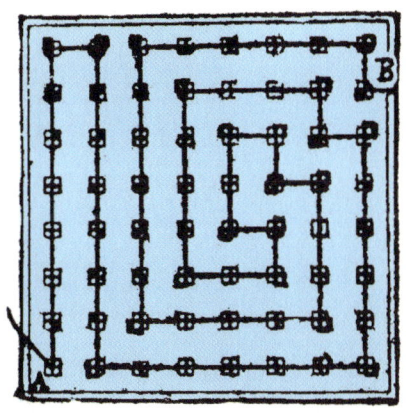

★ 答案 102

★ 答案 103

4个女孩子的姓名分别是安妮·琼斯、梅·罗宾逊、珍妮·史密斯和凯蒂·布朗。

★ 答案 104

汽车在第一小时行走了 $71\frac{3}{8}$ 英里,第二小时行走了 $63\frac{5}{8}$ 英里,第三小时 $55\frac{7}{8}$ 英里,第四小时 $48\frac{1}{8}$ 英里。每小时行驶里程数以 $7\frac{3}{4}$ 英里递减。

（这个问题的代数解法如下。设 x 为最后一小时的行驶里程,设 $x+y$ 为第三小时驶过的里程数,$x+2y$ 为第二小时的,$x+3y$ 为第一小时的。于是得出两个线性方程:(1) $2x+5y=135$；(2) $2x+y=104$。——马丁·加德纳)

★ 答案 105

已知每层架子上都有20夸脱黑莓酱,让我们先在中、下两层相互抵销掉6只小瓶作为开始。这时,中层架子上

剩下2只大瓶,而下层架子上剩下4只中瓶。这就表明,1只大瓶所含的酱等于2只中瓶所含的酱。

把中层架子上的2只大瓶与其等价物,即上层架子上放着的1只大瓶与2只中瓶抵销。于是,上层架子上还留下1只中瓶与3只小瓶,而中层架子上只剩下6只小瓶。这就表明,就盛放的黑莓酱数量而言,1只中瓶等于3只小瓶。

现在把所有的大瓶用中瓶替换掉,再把所有的中瓶换成小瓶。于是一共得出54只小瓶。既然54只小瓶内盛放着60夸脱酱,可见每只小瓶内装着$1\frac{1}{9}$夸脱黑莓酱,从而算出每只中瓶内装着$3\frac{1}{3}$夸脱黑莓酱,而每只大瓶内装着$6\frac{2}{3}$夸脱黑莓酱。

★ **答案 106**

趣题爱好者们应该知道,塔或杆的高度可以按照它们在地上的投影长度来进行估计。在阿瑟·柯南道尔[①]的小说《白色连队》(The White Company)中,可以找到此项原理的一个例证。在小说里,奈杰尔爵士与他勇敢的同伴们被围困在一座城堡里:

头发灰白的神箭手,从自己伙伴的手中接过几段绳

---

① 阿瑟·柯南道尔(Arthur Conan Doyle,1859—1930),以福尔摩斯侦探小说而闻名于世的英国作家。但是下文所提到的《白色连队》是他的一部历史小说。——译者注

萨姆·劳埃德的趣味数学题

子,把它们连接起来,放到被初升的太阳光投射出的影子下进行测量,然后把自己的紫杉木弓垂直地立在地上,量一量它投射在地上的细长的黑影。"6英尺的弓投下了12英尺长的影子,"他嘴里咕哝着,"城堡的影子有60步长,所以只要有30步长的绳子就足够了。"

题目的奥秘就在于此:图中所有的物体,其影子长度与物体自身高度之比是一样的。从那个指着孩子的大人的指尖向下到地面的铅垂线告诉我们:投影长度是物体高度的三分之一。因此,电线杆的高度应是其影子长度的三倍(影子长度应从电线杆底座的中心点量到影子顶端)。在图上电线杆投影处量出电车轨道的宽度,并注意电车轨道的实际宽度为4英尺8英寸,就不难算出电线杆的高度是在19英尺8英寸左右。

★答案 107

普通股的价值为6 000 000美元。

★答案 108

这套衣服卖了13.75美元。

★答案 109

(本题只是本书第14题"零头布问题"的一个简单翻

版。我们只要像"零头布问题"中第一幅附图那样，把三角形靠着正方形摆放，即可裁剪成五块而解决本题。由于本题中的三角形与正方形的比例要比"零头布问题"中的相应比例小，所以该题的后面两种解法对本题不适用。——马丁·加德纳）

★ 答案 110

★ 答案 111

5个奇数"数码"相加之后，其结果将能像下面那样等于14：

$$\begin{array}{r} 11 \\ 1 \\ 1 \\ \underline{1} \\ 14 \end{array}$$

★ 答案 112

你可以发现，读出 Red Rum 的方法共有 372 种，而且最后都终止于中央的那个 &。于是，本题的最奥妙特征开始露头（尽管它实际上是自明的），那就是，读出 Murder 的方法同读出 Red Rum 的方法是一一对应的。所以，总的读法为 372 的平方，即 138 384 种。

★ 答案 113

此题答案较多，下面只是其中的一种（其中有些数码略微改变仍可得出同一分数）：

$$\frac{6729}{13458}=\frac{1}{2}, \quad \frac{5832}{17496}=\frac{1}{3}, \quad \frac{4392}{17568}=\frac{1}{4},$$

$$\frac{2769}{13845}=\frac{1}{5}, \quad \frac{2943}{17658}=\frac{1}{6}, \quad \frac{2394}{16758}=\frac{1}{7},$$

$$\frac{3187}{25496}=\frac{1}{8}, \quad \frac{6381}{57429}=\frac{1}{9}。$$

★ 答案 114

木匠的问题可通过把木板锯成三块的办法来解决，如下图所示。

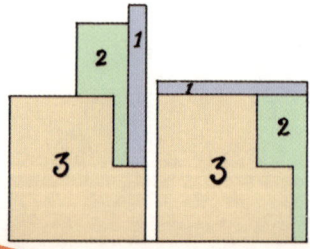

答 案
answers

★答案 115

九根火柴可拼成英语单词TEN，六根火柴可拼成单词NIX，其词义分别为"十"和"无"。

★答案 116

一只手表比另一只手表每小时快3分钟，所以经过20小时之后，它们的时差为1小时。

★答案 117

爱尔兰人的猪圈问题只能通过聪明的技巧来解决，其办法是：把一个猪圈套在另一个猪圈里头，层层嵌套，如下图所示。

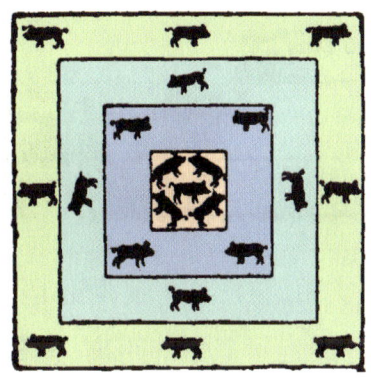

★答案 118

在圣诞老人的开头几个脚印中，很容易区别他的左、右脚印。当你沿着足迹"左，右，左，右……"点数下去时，你将发觉，圣诞老人的左脚印竟出现在本来应该是右脚印的地方。换句话说，圣诞老人在什么地方多走了一步，最有可能的解释是圣诞老人准确地踏着他自己走过的足迹，绕着第一个小圈子跑了两次。

★答案 119

当两艘渡轮在 X 点（见下图）相遇时，它们距甲岸（纽约）720 码，此时它们走过的距离总和等于河的宽度。当它们双方抵达对岸时，走过的总长度等于河宽的两倍。在返航中，它们在 Z 点相遇，这时两船走过的距离之和等于河宽的三倍，所以每一艘渡轮现在所走的距离应该等于它们第一次相遇时所走距离的三倍。

在两船第一次相遇时，有一艘渡轮走了 720 码，所以当它到达 Z 点时，已经走了三倍的距离，即 2160 码。正如图中所见，这个距离比河的宽度多 400 码。如此说来，我们要干的数学工作只是将 2160 减去 400，求得的答数为 1760 码，正好等于 1 英里。

每艘渡轮的上、下客时间对答案毫无影响。

★答案 120

要把暹罗国旗中的白象放在中间,只要照附图那样,裁成两块,然后将那块菱形转过180度就行了。

果园平面图上的最短路线是:15,16,12,11,10,14,13,9,5,1,2,6,7,8,4,3,鸡心。

★答案 121

钟上的时间为8时$18\frac{6}{13}$分,也可以表示为8时18分$27\frac{9}{13}$秒。

★答案 122

酒瓶与板刷经过17步后即可完成对调,其步骤如下:

1. 酒瓶
2. 板刷
3. 熨斗
4. 酒瓶

5. 胡椒瓶

6. 捕鼠器

7. 酒瓶

8. 熨斗

9. 板刷

10. 胡椒瓶

11. 熨斗

12. 酒瓶

13. 捕鼠器

14. 熨斗

15. 胡椒瓶

16. 板刷

17. 酒瓶

★答案 123

★答案 124

为了不使用π解决此题,我们必须回忆阿基米德的伟大发现:球的体积正好等于其外切圆柱体积的三分之二。由于钢丝球的直径是24英寸,所以它的体积一定应该等于高为16英寸、底面直径为24英寸的圆柱的体积。

现在,钢丝不过是展开的圆柱而已,那么,多少根钢丝(每根钢丝高16英寸,直径为0.01英寸)的体积才能等于高16英寸、底面直径为24英寸的圆柱呢?由于圆的面积之比等于其直径的平方之比,而 $\frac{1}{100}$ 的平方等于 $\frac{1}{10000}$,24的平方等于576,所以我们的结论是:圆柱的体积应该等于5 760 000根16英寸长的钢丝的体积[①]。所以,钢丝的总长度应该为16乘以5 760 000,等于92 160 000英寸,也就是1454英里2880英尺。

---

① 注意题目中的条件"一丝一毫的空隙都没有"。至于这种没有空隙的缠绕如何实现,那只能说是另一回事了。——译者注

★答案 125

对于这类问题,一般的解法是取总时间的一半作为平均速度。其理由是,在一个方向,风起了加速作用,而在其相反方向,风起的是阻滞作用。但是,实际上这种办法是不正确的,因为风帮助骑车者加速,作用时间只有3分钟,而阻滞作用却持续了4分钟。如果他顺风而行,3分钟可走1英里的话,那么,4分钟就可走$1\frac{1}{3}$英里。回来时逆风而行,用4分钟走了1英里。因此总的来说,他在8分钟内走了$2\frac{1}{3}$英里。其中风在一半时间内帮忙,在另一半时间内帮倒忙,所以风的作用可以自我抵消。于是我们可以得出结论:在无风的情况下,他在8分钟内可走$2\frac{1}{3}$英里,因此走1英里需要$3\frac{3}{7}$分钟。

★答案 126

"躲猫猫"小姐一定是有8只羊。用8根桩子围成的正方形面积将同用10根桩子(长边5根,短边2根)所围成的长方形面积相等。

★答案 127

下页图中的左图表明五名看守人的行进路线,右图则

是伦敦塔看守人到达那"黑屋"的走法,他只要拐16次弯就够了。

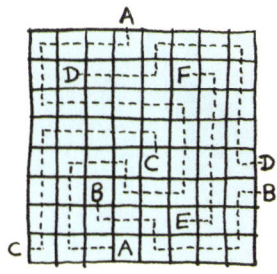
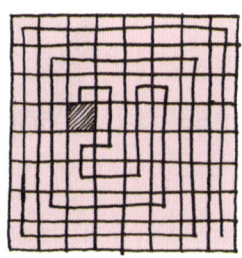

★ **答案 128**

如上图所示,首饰匠只要在水平一排的两端各偷走一颗钻石,再把底下的一颗钻石移到顶上,即可使其奸计得逞,骗过愚昧的贵夫人。

★ **答案 129**

(萨姆·劳埃德的六块解法见下页图所示。另有一种完全不同的解法则需要分成十块,请参见亨利·杜德尼的

《坎特伯雷趣题集》,第37题。——马丁·加德纳)

★**答案 130**

坐在旋转木马上的孩子,包括萨米本人在内,总共有13人。

★**答案 131**

铺设电线的最短路线是沿着会议厅的前墙、地板、侧壁而到达后壁。如果把这房间看作一只纸板箱,能够把它割开,摊平,展成一个平面图(见下页图),那么,最短路线就是一个直角三角形的斜边,其直角边分别为39英尺和15英尺。这条路线的长度比41.78英尺稍微长一些。

(此题本是亨利·杜德尼的名题"蜘蛛与苍蝇",参见杜德尼的《坎特伯雷趣题集》。劳埃德把它进行了改编。他把房间的大小变动了,从而得到了一种与原问题不同的把房间割开和摊平的方法。——马丁·加德纳)

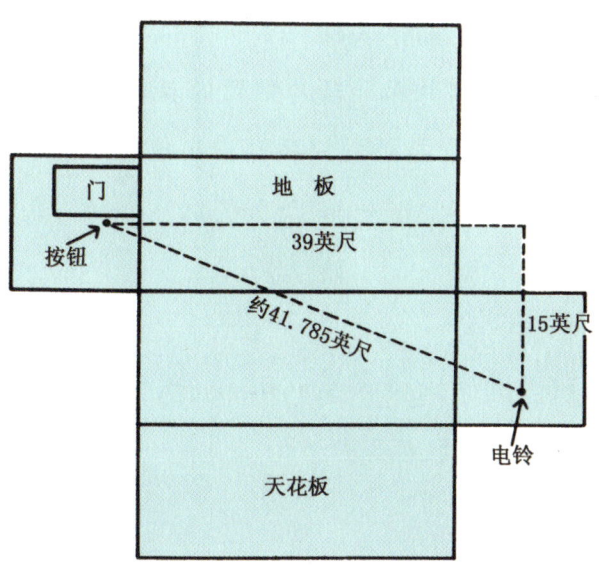

★ **答案 132**

两只椭圆形凳子,其凳面都可像下面左图那样锯成三块,然后这六块木板就可以像下面右图那样拼成一个圆台面。

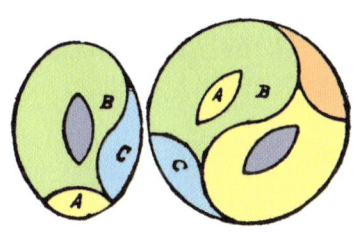

(此题尚有另一种锯成六块的解法,请参看《亨利·杜德尼的数学趣题》(Amusements in Mathematics)中第157

题。萨姆·劳埃德后来又发现了一种锯成四块的解法,不过,中间的洞是横放而非顺着椭圆的长轴,而它也已被收为杜德尼的《趣题与妙题》(Puzzles and Curious Problems)一书的第183题了。——马丁·加德纳)

★ 答案 133

3/4磅重的砝码显然等于1/4块砖,所以,一块砖的质量肯定等于12/4磅,即3磅。

★ 答案 134

根据题中给出的栗子分配数据,女孩的年龄之比应为9∶12∶14。因此,770颗栗子的分法如下:最小的女孩分到198颗,年纪稍大的女孩分到264颗,而最年长的女孩分到308颗。至于她们的确切年龄,那是无法判定的。我们所知道的,不过是她们的年龄之比为9∶12∶14而已。从插图估算,一个能自圆其说的猜想是,她们的年龄分别为 $4\frac{1}{2}$ 岁、6岁和7岁。

★ 答案 135

由于守财奴能够把不同类型的金币平分成四、五、六份,所以每种类型的金币他至少都有60枚,总值为2100

美元。

★ 答案 136

设老太婆买了 x 副鞋带,则她一定也买了 $4x$ 个针线包,$8x$ 块手帕,这些东西的平方和等于 3.24 美元,由此可解出 $x=2$,所以这老太婆买了 2 副鞋带,8 个针线包,16 块手帕。

★ 答案 137

40 年前,比蒂是 18 岁,所以现在她已经 58 岁了。

★ 答案 138

大牧场主有 7 个儿子,56 头奶牛。大儿子拿了 2 头奶牛,他老婆拿了 6 头;第二个儿子拿了 3 头奶牛,他老婆拿了 5 头;第三个儿子拿了 4 头奶牛,他老婆也拿了 4 头。这样依此类推,直到最后,第七个儿子拿到 8 头奶牛,但奶牛已经全部分光,他的老婆已经无牛可分矣。奇妙的是,现在每个家庭都分到 8 头牛,所以每家可以再分到 1 匹马。于是他们都分到了价值相等的牲口。

★ 答案 139

代理人外加的酒类进货使其存货按批发价计增至 343

美元，加上10%利润之后，零售价应为377.30美元。对此，他已按零售价卖出285.80美元货物，手头还剩下91.50美元的货物，如插图所示。这些存货按批发价计算，值83.18美元。把它们从343美元（全部进货的批发价）中减去之后，表明按批发价值259.82美元的酒类已经卖出。再从总的零售价285.80美元中减去此数，即可求出镇政府在酒类买卖中赚到利润25.98美元。

此数也可用下面的方法来验算，利润25.98美元，加上开始时预支的12美元现金与59.50美元酒类，共值97.48美元。从后一数字中减去代理人的佣金14.29美元以后，剩下的酒类还值83.19美元。这就表明，这位代理人的账目算得很准确，误差在2美分之内。

★**答案 140**

★答案 141

让我们用A表示一个10加仑的牛奶罐,用B表示另一个10加仑的牛奶罐,则倒法如下:

从A罐中把牛奶倒满5夸脱的桶。

从5夸脱的桶中把牛奶倒满4夸脱的桶;这样,在5夸脱的桶中就留下1夸脱牛奶。

将4夸脱桶中的牛奶倒回A罐。

将5夸脱桶中剩下的那1夸脱牛奶倒入4夸脱的桶中。

从A罐中把牛奶倒满5夸脱的桶。

从5夸脱的桶中把牛奶倒满4夸脱的桶;这时,在5夸脱的桶中就剩下2夸脱牛奶。

将4夸脱桶中的牛奶倒回A罐。

从B罐中把牛奶倒满4夸脱的桶。

从4夸脱的桶中把牛奶倒满A罐;这时,在4夸脱的桶中就剩下2夸脱牛奶。现在两只小桶中各有2夸脱牛奶,A罐还是满的,而B罐则减少了4夸脱。

★答案 142

第一个姜饼问题的解法,如下页图所示。

萨姆·劳埃德的趣味数学题

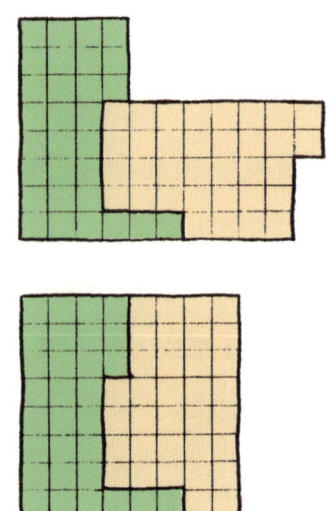

(第二个问题在《大全》里没有给出答案,我能找到的最好解法如下图:每块饼有29个小方格。如果有哪位读者能加以改进,请同我联系。——马丁·加德纳)

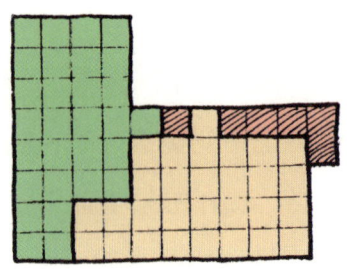

★**答案 143**

在那个有趣的收割者问题中,收割者们被要求割出一条围绕着一块矩形土地的带状土地,并使这块矩形土地上的作物有一半被收割。我发现他们遵循着一条简单的规律。他们说:"斜穿抄近道,沿路绕过走,两者之差数,四分取其一。"如果我们改用下面的话来叙述,数学家们也许会

更易于理解。求矩形的两边之和,再减去其对角线之长,然后把差数再除以4。

这块土地长2000码,宽1000码。这些老实的庄稼汉用卷尺量得,从一角到其对角的距离大约是2236码稍多一些。"沿路绕着走",当然就是3000码!所以两者之差略小于764码。这个数的四分之一大约是191码不到一些(190.983码),这就是带状土地的宽度了。

★ 答案 144

玛丽的年龄是27岁又6个月。

★ 答案 145

快乐镇与开心堡之间的距离为126英里。

(设x为路上相会处与开心堡之间的距离,则$x+18$是快乐镇到相会处的距离,于是威利的速度为$x/13\frac{1}{2}$,而风尘仆仆的罗兹的速度为$\frac{x+18}{24}$。威利走$(x+18)$英里路所需的时间是这段距离除以他的速度。我们已知这应等于罗兹走x英里路所需要的时间,它当然等于x除以罗兹的速度。由此得到一个一元二次方程,解之可得$x=54$(英里)。所以路上相会处距离开心堡54英里,距离快乐镇72英里。——马丁·加德纳)

★答案 146

在马戏团里有14匹马和22位骑师。我们已知,动物园里还有56只脚和20个头,在图中可以数得出10只野兽和7只禽鸟,它们共有17个头和54只脚。剩下还有3个头和2只脚无法解释。现在已经无须费劲思考就能明白:在那个吸引了众多观众的笼子里,一定是一位印度玩蛇人在戏弄两条毒蛇。

★答案 147

"老爷爷的古钟"正停在9时49分$5\frac{5}{11}$秒。

★答案 148

波卡亨特小姐24岁,她的小弟弟小约翰船长此时只有3岁。

★答案 149

厨师起先买了16只鸡蛋,但老板又加给他2只,所以厨师总共买了18只鸡蛋。

★答案 150

开始时,卖牛奶人的A桶里有$5\frac{1}{2}$加仑水,B桶里有$2\frac{1}{2}$

加仑牛奶。在他倒来倒去的过程结束时,A桶中有3加仑水和1加仑牛奶,而在B桶中有$2\frac{1}{2}$加仑水和$1\frac{1}{2}$加仑牛奶。

(萨姆·劳埃德没有解释他是怎样得出这些数据的,但它们可如下求得。设x为A桶中原有液体的容量,y为B桶中原有液体的容量。很容易用代数方法求出x与y的比例必为11∶5,但我们却不知道这是水与牛奶之比还是牛奶与水之比。不妨假定为后者,即从11单位牛奶与5单位水开始,把它们倒来倒去。我们最终将在B桶中得到3单位水与5单位牛奶。但这与题目中所告诉我们的事实(结束时在B桶中水比牛奶多出1加仑)发生了矛盾。

于是我们只能得出结论:开始时有11单位水和5单位牛奶。我们的倒进倒出结束时,B桶中将有3单位牛奶和5单位水。由于水要比牛奶多出1加仑,所以5单位减去3单位应该等于1加仑,从而1单位相当于1/2加仑。于是,11单位就相当于$5\frac{1}{2}$加仑,而5单位就相当于$2\frac{1}{2}$加仑。——马丁·加德纳)

★ **答案 151**

本问题可用八步解决:塔夫脱跳过诺克斯、约翰逊、拉福莱特和坎农,这几步是连续跳的;然后,格雷跳过费尔邦斯，休斯跳过布赖恩，格雷跳过休斯，塔夫脱跳过格雷。

（如果我们把某一人的连跳算作一步的话，那么萨姆·劳埃德的解法需要五步，但本题实际上用四步即可解决。四步解法请参见亨利·杜德尼《数学中的乐趣》一书中的第229题。——马丁·加德纳）

★**答案 152**

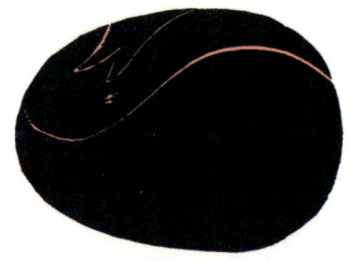

★**答案 153**

想把6段（每段5节）的链条做成一个环形链条的最节约的方案，是把其中一段链条的5个节统统割开，然后用它们把其他5段链条连接起来以做成一条环形链条。为此所花费的代价是1.30美元，这要比买根新链条节省20美分。

★**答案 154**

把十二根横杆排成一个正十二边形，就能围出最大的面积：略大于2866平方英尺。

★ **答案 155**

附图表示了这位法国天文学家将如何指出他的天文新发现。新星的庞大身躯使得其他小星星都黯然失色。

（劳埃德的《大全》一书中没有包括那个文字游戏的答案。也许在他心目中是"MOON STARERS"（观月者们）。——马丁·加德纳）

★ **答案 156**

附图表示了这一正确的方式，把8只乌鸦布置在玉米地里，使得每只乌鸦都能一眼看见所有其他乌鸦，并使得没有两只乌鸦在同一行或同一条斜线上。对于那个猎人来说，也不可能找到任何一个地点，从那里他能一枪打中3只乌鸦。

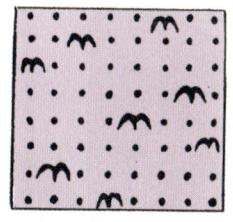

★答案 157

这个"有趣的鬼把戏"依赖于:中间那个孔的边上有两个转折却被囚犯的脑袋遮住了!下图说明了木板该怎样锯开。

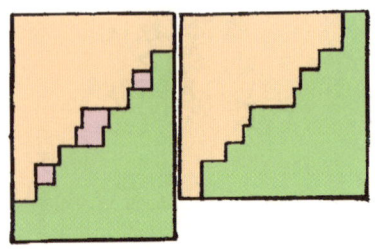

★答案 158

这个希腊符号可以经过13个转折一笔画成:

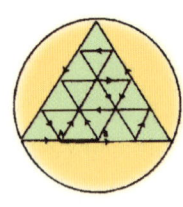

★答案 159

(这是本书许多"剖分"问题中的第一个。它可能会使读者有兴趣了解这样一个证明:任何多边形都可以被分割

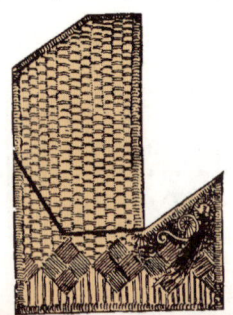

成有限数目的块,用来重新拼成面积相等的任何其他多边形。这个证明是希尔伯特①提出的。不过,这样的剖分趣味不大,除非分成的块数很少,从而使这个剖分漂亮而惊人。

几乎所有简单正多边形(五角星除外,它显示出难以克服的困难)都曾被用在非常巧妙的剖分趣题中了。关于剖分理论的最新而出色的讨论,见芝加哥大学数学工作者们的一系列论文,刊载于《数学教师》(Mathematics Teacher)1956年5月号、10月号、12月号,1957年2月号和5月号。——马丁·加德纳)

★答案 160

可以容易地求出,如果每个苹果分别卖1/3便士和1/2便士,平均就是两个苹果5/6便士,或平均一个苹果25/60便士。由于是以五个苹果2便士,也就是一个苹果2/5便士即24/60便士的价格售出的,所以每个苹果损失1/60便士。

我们已知损失了7便士,因此用60乘以7得到420,这就是当初苹果的数量,两位太太各有一半。琼斯太太的210个苹果应该卖得105便士,但是因为她得到的是以五个苹果2便士全部卖掉而获得的收入的一半(即84便士),

---

① 大卫·希尔伯特(David Hilbert,1862—1943),德国数学家,国际数学界的巨人。——译者注

因此她损失了21便士。史密斯太太的苹果应该卖得70便士,实际上她得到了84便士。

★答案 161

金砖的秘密用数学来解释就是,新的长方形其实是 $23 \times 25\frac{1}{23}$,它仍然是576平方英寸。

(关于这一类的种种新的"几何上的失踪",见我的《数学、魔术和秘密》(Mathematics, Magic and Mystery)一书,Dover Publications,1956年。——马丁·加德纳)

★答案 162

顶层			第二层		
1	5	1	1	2	1
5		5	2		2
1	5	1	1	2	1

9位修女被劫走以后,剩下的人安排如下:

顶层			第二层		
3	2	3	1	1	1
1		1	1		2
4	1	3	1	1	1

答案

★答案 163

下图显示了这块 13×13 的床单能被分成 11 个更小的方块,如果不破坏格子图案,这是最小的方块数目。这被证明是个难题,那些找到这个正确答案的人们发现,这里包含着某种数学原理,它接近于开平方的法则。

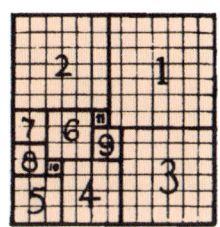

★答案 164

在回答这个老掉牙的问题的时候,我们必须考虑到这个事实:黄金的质量总是用金衡制单位计算的,而羽毛总是用常衡制单位计算的。在这样的情况下,古老的格言"天底下一磅就是一磅"不适用了。

72 份 12 磅的羽毛重 864 常衡磅,而 72 金衡磅只相当于常衡制的 59 磅 3 盎司 $407\frac{1}{2}$ 格令①。因为 864 磅可以表示为 863 磅 15 盎司 $437\frac{1}{2}$ 格令,再减去 59 磅 3 盎司 $407\frac{1}{2}$ 格令,得到 804 磅 12 盎司 30 格令。这就是我们用常衡制表示的答案。

① 格令,英美制质量单位。1 格令约合 0.0648 克。——译者注

一般人弄不清这两种衡制之间的关系。有些人以为二者的磅的质量是相同的,不过一个分成16盎司,另一个分成12盎司。而更多的人以为,盎司是相同的,不过1常衡磅是16盎司而1金衡磅只有12盎司。这两种理解都是错的。这两种衡制之间的衔接之处在于:1常衡磅合7000格令,而1金衡磅只有5760格令。

★**答案 165**

最好的答案是只要用两条直线分割,并且把其中一块翻过来,这样的木工操作是欧几里得的某些追随者们没有想到的。

如果从D到B的角更大一些或更小一些,做法也没什么两样。很简单,从左边的中点到BD线的中点画一条线。然后从G向EC线画一条垂线。把A块翻过来,这三块就能如图拼成一个正方形。

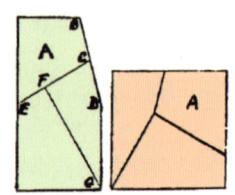

★**答案 166**

存在着无数成对的数字具有相同的和与积。如果一个数是a,另一个数总能容易地找到,就是$\frac{a}{a-1}$。例如:3

乘以 $1\frac{1}{2}$ 等于 $4\frac{1}{2}$，而 3 加上 $1\frac{1}{2}$ 也等于 $4\frac{1}{2}$。

★ **答案 167**

★ **答案 168**

在这个"图画代数"的简单例子中，我们发现了对两个原则的极好的描述：替代原则和在等式两边加上相同的量不影响等式成立的原则。它说明了下面这个公理的真实性：与同一事物相等的各个事物，它们互相之间也是相等的。

在第一个等式中，我们看到，1 个陀螺和 3 个立方块等于[1]12 颗弹子。在第二个等式中，我们看到，单独 1 个陀螺等于 1 个立方块和 8 颗弹子。现在我们在第二架天平的两个盘子中各加 3 个立方块。因为在两边加上相同的量不会影响平衡，我们仍然有一个等式。而现在天平左边盘子里

---

[1] 这里的"等于"都是指在质量上相等。——译者注

的东西和它上面那架天平左边盘子里的东西是完全一样的。我们由此断定,二者右边盘子里的东西也是相等的,就是说,4个立方块和8颗弹子必定等于12颗弹子。那么4个立方块的质量必定和4颗弹子相同。简而言之,1个立方块和1颗弹子在质量上是相等的。第二幅图告诉我们,1个陀螺与1个立方块加上8颗弹子是平衡的,所以我们用1颗弹子替代这个立方块,就能发现这个陀螺在质量上等于9颗弹子。

★ 答案 169

只有一种走法,转14次弯就能实现这个目标,如图所示。尽管还有许许多多路线,和这种走法相比,它们只多转了一次弯。

★ 答案 170

在这个选举问题中,把超出的票数①和总票数相加,再除以候选人的人数,所得的商就是获胜者的票数。其他候选人的票数可以由此用减法得出。具体票数分别是1336、1314、1306和1263。

★ 答案 171

★ 答案 172

有416种走法能做到这一点,其中最短的路线是O-P,D-C,E-F,H-G,I-J,L-K,N-M 和 A-B;然而同几百万种不能做到这一点的走法相比,416条路线这么小的数量也许曾经被忽略了。

① 即把得票数最多者分别比其他人多得的票数加起来的和。——译者注

（读者不应该太认真地看待劳埃德对伟大的欧拉的嘲笑，正如劳埃德很清楚地知道的那样，欧拉关心的只是七座桥的问题，他的著名的论文是最早发表的关于拓扑问题的分析。——马丁·加德纳）

★ 答案 173

用14条线段可以解决这个问题，如下图。

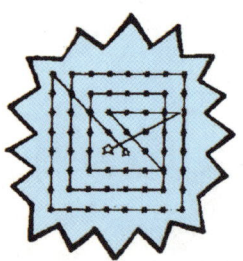

★ 答案 174

有许多简单的方法用15步到18步达到这个目的，而下图只用14步，看来是答案中最好的：

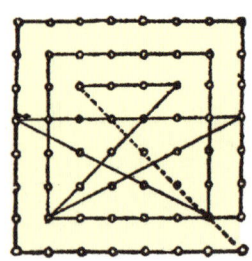

★答案 175

首先沿着AB线截开,然后把三块重叠在一起,就能这样同时沿CD线和EF线截开了。后一图表明怎样用两条直线把这块马蹄铁分成九块。首先沿AB线分开,再把三块重叠在一起,就能这样一刀把它们各分为三块。

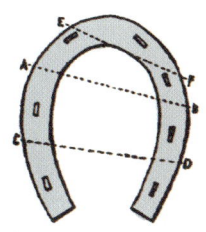 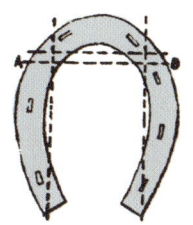

MATHEMATICAL PUZZLES OF SAM LOYD
Selected and Edited by Martin Gardner

Copyright © 1959 by Dover Publications, Inc.

Chinese translation copyright by Shanghai Scientific & Technological Education Publishing House.

Published by arrangement with Dover Publications, Inc., in association with Shanghai Copyright Agency.

ALL RIGHTS RESERVED

责任编辑　卢　源　朱惠霖
封面设计　杨　静

数学思维训练营
萨姆·劳埃德的趣味数学题
[美]马丁·加德纳　著
谈祥柏　陈为蓬　译

出版发行	上海科技教育出版社有限公司
	(上海市闵行区号景路159弄A座8楼　邮政编码201101)
网　　址	www.sste.com　www.ewen.co
经　　销	各地新华书店
印　　刷	上海昌鑫龙印务有限公司
开　　本	720×1000　1/16
印　　张	21.25
版　　次	2019年8月第1版
印　　次	2024年2月第2次印刷
书　　号	ISBN 978-7-5428-7040-7/O·1089
图　　字	09-2012-480号
定　　价	80.00元